普通高等教育"十三五"规划教材

Web 程序设计实践教程

主　编　侯　萍　郭俊荣

副主编　陈天亨　毛宇婷　朱建辉

中国水利水电出版社
www.waterpub.com.cn

内 容 提 要

本书全面介绍了基于 Web 标准的网页设计与制作技术,采用"原理+实例+综合案例"的编排方式,围绕标准 Web 的各项技术予以展开,通过大量实例对 JavaScript、CSS、DOM 等 Web 关键技术进行深入浅出的分析。

本书主要内容包括对网页进行整体布局、设计和优化网页中所用到的图像,并制作按钮、导航条以及简单的动画。本书内容精炼、叙述简洁、图文并茂,充分体现培养技能型、操作型人才的特点,使学生在学与用中轻松掌握相应的知识,制作精美的网页。

本书具有很强的实用性和可操作性,是一本适合于大中专院校、职业院校及各类社会培训的优秀教材,也可作为广大网页制作爱好者的自学读物。

图书在版编目(CIP)数据

Web程序设计实践教程 / 侯萍,郭俊荣主编. -- 北京 : 中国水利水电出版社,2016.2(2017.12 重印)
普通高等教育"十三五"规划教材
ISBN 978-7-5170-4117-7

Ⅰ. ①W… Ⅱ. ①侯… ②郭… Ⅲ. ①网页制作工具-程序设计-高等学校-教材 Ⅳ. ①TP393.092

中国版本图书馆CIP数据核字(2016)第030557号

策划编辑:石永峰	责任编辑:石永峰	封面设计:李 佳

书 名	普通高等教育"十三五"规划教材 Web 程序设计实践教程
作 者	主 编 侯 萍 郭俊荣 副主编 陈天亨 毛宇婷 朱建辉
出版发行	中国水利水电出版社 (北京市海淀区玉渊潭南路 1 号 D 座　100038) 网址:www.waterpub.com.cn E-mail:mchannel@263.net(万水) 　　　　sales@waterpub.com.cn 电话:(010)68367658(发行部)、82562819(万水)
经 售	北京科水图书销售中心(零售) 电话:(010)88383994、63202643、68545874 全国各地新华书店和相关出版物销售网点
排 版	北京万水电子信息有限公司
印 刷	三河市鑫金马印装有限公司
规 格	184mm×260mm　16 开本　10 印张　227 千字
版 次	2016 年 2 月第 1 版　2017 年 12 月第 2 次印刷
印 数	2001—4000 册
定 价	22.00 元

前　　言

随着互联网的飞速发展，网络已成为人们生活中不可或缺的一部分，并成为其自身宣传的一个重要手段，网页设计与制作逐渐盛行，Web 程序设计逐步纳入到大学程序设计课程当中。

本书从服务教学，服务初学者实际需求出发，合理安排知识结构，第一部分 Web 前端设计基础，从零开始、由浅入深、循序渐进地讲解网页设计与制作的基本知识和制作技巧，介绍了 HTML 和 CSS 的技术规范和应用方法，文字、链接、列表、表格、表单、图像、多媒体、多窗口等方面的元素和属性；第二部分 JavaScript 程序设计基础部分，本书结合丰富项目实例片段进行讲述、分析，以提升学生的综合应用能力。

本书适合作为大中专院校、职业院校及各类社会培训的教学实践教程，也可作为广大网页制作爱好者的自学读物。

本书由侯萍、郭俊荣担任主编，陈天亨、毛宇婷、朱建辉担任副主编，全书由侯萍负责统稿。

在本书的编写过程中，参考了大量的相关文献资料，在此向这些文献资料的作者深表谢意。

由于编者水平和教学经验有限，书中错误和不妥之处在所难免，欢迎广大读者批评指正。

编　者

2015 年 12 月

目　　录

前言

第一部分　Web 前端设计基础

实验一　Notepad++编辑器的使用 ……………………2
实验二　HTML 文件的基本结构 ………………8
实验三　表格 …………………… 14
实验四　列表 …………………… 19
实验五　表单 …………………… 26
实验六　框架 …………………… 35
实验七　超链接 …………………… 38
实验八　HTML 综合案例 …………………… 43

第二部分　JavaScript 程序设计基础

实验九　选择器的使用 …………………… 51
实验十　页面布局（一） …………………… 59
实验十一　页面布局（二） …………………… 69
实验十二　滤镜 …………………… 80
实验十三　JavaScript 基础 …………………… 88
实验十四　条件语句和循环语句 …………………… 92
实验十五　数组 …………………… 99
实验十六　函数 …………………… 108
实验十七　JavaScript 事件驱动 …………………… 114
附录 1　HTML 常用标签 …………………… 123
附录 2　CSS 常用属性 …………………… 135
附录 3　HTML 颜色代码大全 …………………… 138
习题答案 …………………… 145
参考文献 …………………… 156

1

第一部分
Web 前端设计基础

- 实验一　Notepad++编辑器的使用
- 实验二　HTML 文件的基本结构
- 实验三　表格
- 实验四　列表
- 实验五　表单
- 实验六　框架
- 实验七　超链接
- 实验八　HTML 综合案例

实验一　Notepad++编辑器的使用

Notepad++是 Windows 平台上一款强大的文本编辑器，可定制性强，再加上无数功能强大的插件，完全可以胜任绝大部分工作。作为程序员来说是必备工具。

一、Notepad++特点

（1）轻量化，软件下载下来只有 6MB，解压后不过 10MB 左右，其中还包括了帮助文件等。

（2）绿色开源，Notepad++是一款符合 GPL 协议的开源软件，同样可以在官方下载 ZIP 包解压即用。

（3）和很多文本编辑器一样，提供了代码补全，代码高亮功能，但其中有的需依赖插件的扩展。

（4）功能比 Windows 的记事本强大很多，但比 Vim，Emacs 还是有很大不如，当然 EditPlus，UltraEdit 也是非常好的选择，可惜这两个是收费软件，不在此文中介绍。

（5）使用门槛低，不需要像 Vim 一样需要花大量的时间学习即可满足一般情况的使用。

（6）丰富的可定制性，许多功能很人性化，比如宏的录制等。

（7）支持大部分正则表达式。

二、安装配置

可以手动去 Notepad++插件的官方网站下载：http://sourceforge.net/projects/npp-plugins/files/。

Notepad++自带了插件管理工具，Plugins→Plugin Manager→Show Plugin Manager→Avaliable 一栏显示当前可用的插件列表，选中你要的插件，然后点击下面的 Install 即可自动下载和安装。列表里的都是官方认可的插件，品质较好，当然也可以自己去网上下载插件放到目录里面去。

下面列出一些软件开发中经常用到的一些功能。

三、书签功能

书签是一种特殊的行标签，显示在编辑器的书签栏处。使用书签，可以很容易转到指定行处，进行一些相关的操作，当阅读一个长文件时特别有帮助，绝对是阅读源代码的好帮手。

在任意行点击左边栏或者按 Ctrl+F2 会出现蓝色小点，这表示添加了一个书签，点击蓝色小点或按 Ctrl+F2 可以取消该行书签。F2 表示光标移动到上一个书签，Shift+F2 表示光标移动到下一个书签。

四、折叠

即根据文档语言可以隐藏文档中的多行文本，特别是对像 C++或者 XML 这样的结构化语言很有用。文本块分成多个层次，可以折叠父层的文本块，折叠后只会显示文本块的第一行内容。如果你想快速浏览文档的内容，并跳到指定文档位置的话，就相当有用了。取消折叠文本块（展开或取消折叠）将会再次显示折叠的文本块，这对于源代码阅读也是非常有帮助的。

折叠所有层次：Alt+0
展开所有层次：Alt+Shift+0
折叠当前层次：Ctrl+Alt+f
展开当前层次：Ctrl+Alt+Shift+f

五、行定位

用于快速跳至某一行。按 Ctrl+g 会弹出一个对话框，可以选择输入绝对行号跳转或者相对于当前行做偏移量跳转。

六、列编辑

如果要在每一行开头输入相同的文字或者加上行号等，则可以考虑使用列编辑。比如把光标移至最左边，按下 Alt+c，在对话框里输入要添加的内容或数字及其增加方式就可以了。它会在当前行一直加到最后一行。

另外一种方式是按住 Alt+鼠标点击编辑多列的功能。现在可以按住 Alt 用鼠标左键选择多列然后输入想要的字符或者进行编辑了。比如删除每一行的行号。

七、向前回滚和向后回滚

向前回滚：Ctrl+y，向后回滚：Ctrl+z。

八、块匹配

选择一个括号，按 Ctrl+b 会跳转到与它对应的另外一半括号处。此处括号包括 "(" 和 "{"。

九、颜色标签

就是给内容用不同的颜色做标记，用法就是选择要标记的文本，然后点击右键→Style token，选择一个标记即可。也可以通过点击右键选择删除颜色标记 Remove style。

十、将 Tab 转换成空格

这个对于编写程序来说是非常有用的，一般项目里都不允许使用 Tab 键作为缩进而是使用空格，但是按 Tab 键缩进确实非常方便。在首选项→语言页面可以选择 "以空格代替

Tab"，同时可以配置一个 Tab 键替换成几个空格。这样就可以很方便的按 Tab 键进行缩进，按 Shift+Tab 进行反向缩进了。

十一、行操作

复制当前行：Ctrl+d
删除当前行：Ctrl+l
删除到行首：Ctrl+Shift+Backspace
删除到行尾：Ctrl+Shift+Delete

十二、显示符号

在视图选项卡中能找到显示符号功能，这个的作用是可以显示空格、制表键、换行等，可以方便编辑，尤其可以防止无意中加入好多不需要的空格。

以上只是一些非常常用的操作，事实上 Notepad++的功能是非常多的，尤其是学会使用快捷方式可以极大的加快速度。可以参考Notepad++用户手册。

另外 Notepad++拥有很多非常强大的插件，熟练使用其中一些插件可以大幅度提高工作效率。请参考Notepad++前端开发常用插件介绍。

十三、快捷键大全

文件菜单

快捷键	功能
Ctrl+O	打开文件
Ctrl+N	新建文件
Ctrl+S	保存文件
Ctrl+Alt+S	另存为
Ctrl+Shift+S	保存所有
Ctrl+P	打印
Alt+F4	退出
Ctrl+Tab	下一个文档（显示所有打开的文件列表），可以禁止此快捷键—参见设置/首选项/全局
Ctrl+Shift+Tab	上一个文档（显示所有打开的文件列表），可以禁止此快捷键—同上
Ctrl+W	关闭当前文档

编辑菜单

快捷键	功能
Ctrl+C	拷贝
Ctrl+Insert	拷贝
Ctrl+Shift+T	拷贝当前行

续表

快捷键	功能
Ctrl+X	剪切
Shift+Delete	剪切
Ctrl+V	粘贴
Shift+Insert	粘贴
Ctrl+Z	撤销
Alt+Backspace	撤销
Ctrl+Y	重做
Ctrl+A	选择全部
Alt+Shift+方向键，或者 Alt + 鼠标左键	列模式选择
Ctrl + 鼠标左键	开始新的选择区域，仅在多块区域有效
Alt+C	列编辑
Ctrl+D	复制当前行
Ctrl+T	当前行和前一行交换
Ctrl+Shift+Up	当前行或当前单个选中文本块上移
Ctrl+Shift+Down	当前行或当前单个选择文本块下移
Ctrl+L	删除当前行
Ctrl+I	分割当前行
Ctrl+J	连接行
Ctrl+G	打开转到对话框
Ctrl+Q	行注释/取消行注释
Ctrl+Shift+Q	块注释
Tab （一行或多行被选中）	插入制表符或空格（缩进）
Shift+Tab （一行或多行被选中）	删除行首制表符或空格（取消缩进）
Ctrl+Backspace	删除到单词开头
Ctrl+Delete	删除到单词末尾
Ctrl+Shift+Backspace	删除到行首
Ctrl+Shift+Delete	删除到行尾
Ctrl+U	转换为小写
Ctrl+Shift+U	转换为大写
Ctrl+B	转到匹配括号处
Ctrl+Space	显示函数参数提示列表
Ctrl+Shift+Space	显示函数提示列表

续表

快捷键	功能
Ctrl+Enter	显示单词提示列表
Ctrl+Alt+R	文本方向从右到走
Ctrl+Alt+L	文本方向从左到右
Enter	回车插入新行或分割文本到新行
Shift+Enter	插入新行或分割文本到新行

搜索菜单

快捷键	功能
Ctrl+F	打开查找对话框
Ctrl+H	打开查找/替换对话框
F3	查找下一个
Shift+F3	查找上一个
Ctrl+Shift+F	在文件中查找
F7	切换到搜索结果窗口（即版本 5.2 之前的激活子视图）
Ctrl+Alt+F3	查找（快速）下一个
Ctrl+Alt+Shift+F3	查找（快速）上一个
Ctrl+F3	选择并查找下一个（即版本 5.6.5 之前的查找（快速）下一个）
Ctrl+Shift+F3	选择并查找上一个（即版本 5.6.5 之前的查找（快速）上一个）
F4	转到下一个结果
Shift+F4	转到上一个结果
Ctrl+Shift+I	增量搜索
Ctrl+n	向下跳转（到下一个样式 n 标签的文本，n 从 1 到 5，对于默认查找样式为 0）
Ctrl+Shift+n	向上跳转（到上一个样式 n 标签的文本，n 从 1 到 5，对于默认查找样式为 0）
Ctrl+F2	标签/取消标签书签
F2	转到下一个书签
Shift+F2	转到上一个书签

视图菜单

快捷键	功能
Ctrl+(Keypad-/Keypad+)	或者 Ctrl+鼠标滚轮按钮（如果你的鼠标有这个键的话）放大（＋或者向上键）和缩小（－或者向下键）
Ctrl+Keypad/	恢复视图到原始大小
F11	转到/退出全屏视图
F12	转到/退出切换快捷视图
Ctrl+Alt+F	折叠当前大纲级别

续表

快捷键	功能
Ctrl+Alt+Shift+F	展开当前大纲级别
Alt+0	折叠所有
Alt+（1~8）	折叠大纲级别（1~8）
Alt+Shift+0	展开所有
Alt+Shift+（1~8）	展开大纲级别（1~8）

运行菜单

快捷键	功能
F5	打开运行对话框
Alt+F1	获取 PHP 帮助
Alt+F2	Google 搜索
Alt+F3	Wikipedia 搜索
Alt+F5	打开文件（当前光标处的文件名）
Alt+F6	在新的实例中打开文件（当前光标处的文件名）
Ctrl+Alt+Shift+R	在 Chrome 中打开
Ctrl+Alt+Shift+X	在 Firefox 中打开
Ctrl+Alt+Shift+I	在 IE 中打开
Ctrl+Alt+Shift+F	在 Safari 中打开
Ctrl+Alt+Shift+O	通过 Outlook 发送

实验二　HTML 文件的基本结构

【学习要点】

- HTML 文件的基本结构
- <head>标签
- <body>标签
- HTML 代码中的标签语法
- HTML 代码中的属性语法
- 查看页面效果
- 查看源文件

【实验内容】

编写 HTML 文件的时候，必须遵循 HTML 的语法规则。一个完整的 HTML 文件由标题、段落、列表、表格及嵌入的各种对象所组成。我们称这些逻辑上统一的对象为元素，HTML 使用标签来分割并描述这些元素。实际上整个 HTML 文件就是由元素与标签组成的。

HTML 文件的基本结构：

```
<html>    HTML 文件开始
<head>    文件的头部开始
……        文件的头部内容
</head>   文件的头部结束
<body>    文件的主体开始
…          文件的主体内容
</body>   文件的主体结束
</html>   HTML 文件结束
```

一、一个简单的 HTML 网页

（1）2-1.html 代码：

```
1    <html>
2      <body>
3        <h1>亲爱的同学们：</h1>
4          <p>欢迎来到长春工业大学！</p>
5      </body>
6    </html>
```

（2）代码分析：

这个例子是一个很简单的 HTML 文件，使用了尽量少的 HTML 标签，演示了 body 标签中的内容是如何被浏览器显示的。

第 1 行~第 6 行：<html>和</html>之间限定了文件的开始和结束，在它们之间是文件的头部和主体；

第 2 行~第 5 行：<body>和</body>之间的文本是可见的页面内容；

第 3 行：<h1>和</h1>之间的文本被显示为标题字，可以使用<h1>~<h6>；

第 4 行：<p>和</p>之间的文本被显示为段落。

（3）运行结果如图 2-1 所示。

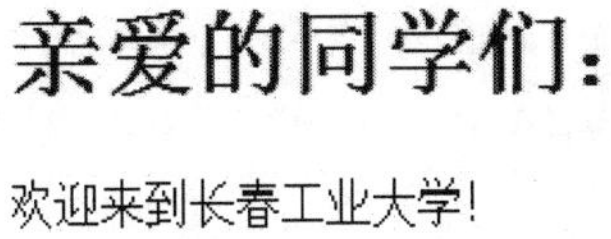

亲爱的同学们：

欢迎来到长春工业大学!

图 2-1　简单的页面效果

二、添加标签，美化效果

（1）2-2.html 代码：

```
1    <html>
2      <head>
3        <title>美化效果</title>
4      </head>
5      <body>
6        <h1 align="center"> <I>亲爱的同学们： </I></h1>
7        <p>欢迎来到长春工业大学！</p>
8        <p>
9          <font color=red size=3>    长春工业大学是一所以工为主，工、管、
     文、理、经、法、教育、艺术等多学科相互支撑、协调发展的省属重点大学，是吉林省高层次
     人才培养、应用技术研发、高新技术产品研制、高水平社会服务的重要基地。
10         </font
11       </p>
12       <p>
13         <font size=2 color=blue>1992 年被吉林省政府确定为首批三所省属重点高校之一，在 2004
     年全国本科教学工作水平评估中获得优秀等级。
14         <br/>
15   2014 年，学校作为全国首批、吉林省首家高校，顺利通过了教育部本科教学审核评估，赢得专
     家组高度评价。
16         </font>
17       </p>
18     </body>
19   </html>
```

（2）代码分析：

第 3 行：HTML 文件的标题，显示于浏览器标题栏的字符串；

第 6 行：将文字设置为居中，红色，斜体；

第 9 行和第 13 行：分别对段落设置了不同的字体大小和颜色；

对页面更多的美化效果，我们将在后续 CSS 中进行学习。

（3）运行结果如图 2-2 所示。

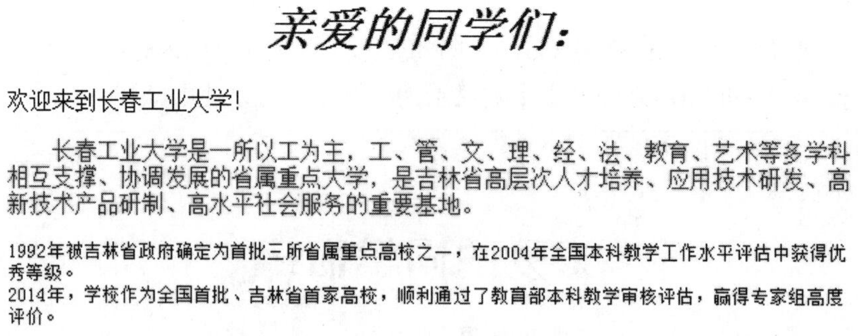

亲爱的同学们：

欢迎来到长春工业大学！

长春工业大学是一所以工为主，工、管、文、理、经、法、教育、艺术等多学科相互支撑、协调发展的省属重点大学，是吉林省高层次人才培养、应用技术研发、高新技术产品研制、高水平社会服务的重要基地。

1992年被吉林省政府确定为首批三所省属重点高校之一，在2004年全国本科教学工作水平评估中获得优秀等级。
2014年，学校作为全国首批、吉林省首家高校，顺利通过了教育部本科教学审核评估，赢得专家组高度评价。

图 2-2　美化效果

三、超链接

使用超链接，可以让网页连接到另一个页面。

（1）2-3.html 代码：

```
1    <html>
2      <head>
3        <title>超链接案例</title>
4      </head>
5      <body>
6        <a href="http://www.ccut.edu.cn">本窗口切换到长春工业大学</a>
7        <br/>
8        <a href="http://www.163.com">本窗口切换到网易</a><br/>
9        <a href="mailto:123@163.com">123 的电子邮箱</a><br/>
10   <!--target 的属性_blank 为新窗口打开-->
11       <a href="http://www.ifeng.com" target="_blank">新窗口打开凤凰网</a>
12     </body>
13   </html>
```

（2）代码分析：

第 6 行~第 11 行：href 属性规定链接的目标，开始标签和结束标签之间的文字被作为超链接来显示；

第 11 行：使用了 target 属性，定义了被链接的文档在何处显示；

第 10 行：注释语句，便于理解代码含义。

（3）运行结果如图 2-3 所示。

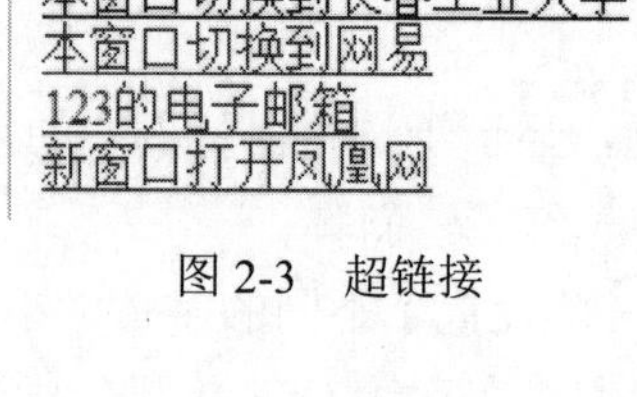

本窗口切换到长春工业大学
本窗口切换到网易
123的电子邮箱
新窗口打开凤凰网

图 2-3　超链接

四、网页图像

（1）2-4.html 代码：

```
1    <html>
2      <head>
3        <title>图像案例</title>
4      </head>
5      <body>
6        <img src="http://y0.ifengimg.com/2014/02/07/08482232.gif" width="150" height="80"/><br>
7        <img src="http://www.ccut.edu.cn/showimg.php?id=157" width="1000" height="336"/><br>
8        <img src="1.JPG" width="480" height="360">
9      </body>
10   </html>
```

（2）代码分析：

在 HTML 中，图像由<img>标签定义，要在页面上显示图像，你需要使用源属性（src），源属性的值是图像的 URL 地址。

（3）运行结果如图 2-4 所示。

图 2-4　图像效果

【课后习题】

1. HTML 代码开始和结束的标签是_____、_____。

2. HTML 用于描述功能的符号称为_____。

3. HTML 文件的扩展名以_____结束。

4. 在 HTML 文件中，超链接的格式是\<a _____="超链接位置"超链接名称\</a>。

5. HTML 中自动换行的标签是_____。

6. 在 HTML 中，空格的标签是_____。

7. HTML 的_____部分是\<body>开始\</body>结束。

8. HTML 文件的头部标签是_____。

9. HTML 文件只能有一个\<base>标签，同时此标签须放置在_____。

10. HTML 支持的超链接有_____和_____两种。

11. HTML 是一种标签语言，它是由（　　）解释执行的。

　　A．不需要解释　　　　　　　　B．Windows

　　C．浏览器　　　　　　　　　　D．标签语言处理软件

12. 在 HTML 文档中用于表示页面标题的标签对是（　　）。

　　A．\<head>\</head>　　　　　　B．\<header>\</header>

　　C．\<caption>\</caption>　　　　D．\<title>\</title>

13. 在 HTML 文档中使用的注释符号是（　　）。

　　A．// ...　　　　　　　　　　B．/*...*/

　　C．\<!--......-->　　　　　　　D．以上说法均错误

14. 在下列的 HTML 中，最大的标题是（　　）。

　　A．\<h6>　　　　　　　　　　B．\<head>

　　C．\<heading>　　　　　　　　D．\<h1>

15. 在 HTML 中要定义一个书签，应该使用的语句是（　　）。

　　A．\<a href="#object_01">text\</a>　　B．\<a name="#object_01">text\</a>

　　C．\<a target="#object_01">text\</a>　　D．\<a link="#object_01">text\</a>

16. 在下列标签中，产生粗体字的 HTML 标签是（　　）。

　　A．\<bold>　　　　　　　　　　B．\<bb>

　　C．\<b>　　　　　　　　　　　D．\<i>

17. \<title>\</title>标签必须包含在（　　）标签中。

　　A．\<body>\</body>　　　　　　B．\<table>\</table>

　　C．\<head>\</head>　　　　　　D．\<p>\</p>

18. 下面的标签中，属于单标签的是（　　）。

　　A．\<html>　　　　　　　　　　B．\<p>

　　C．\<table>　　　　　　　　　　D．\

19. 请把注释行"<!--******Found******-->"下一行语句中的代码进行修改，实现如下效果。

请把我加粗
请把我变斜体
X 请把我变下标

x 请把我变上标

代码：

```
<html>
<body>
<!--*********Found*********-->
请把我加粗
<br />
<!--*********Found*********-->
请把我变斜体
<br />
X
<!--*********Found*********-->
请把我变下标
<br /><br />
X
<!--*********Found*********-->
请把我变上标
</body>
</html>
```

实验三　表格

- 表格属性
- 表格结构
- 表格嵌套

【实验内容】

表格是网页排版的灵魂。无论是使用简单的 HTML 语言编辑的网页，还是具备动态网站功能的 ASP、JSP、PHP 网页，都要借助表格进行排版。浏览网站，会发现几乎所有的网页都是或多或少地采用表格。可以说，不能够很好地掌握表格，就等于没有学好网页制作。

表格的基本结构：

`<table>`	表格标签，表示表格开始
`<th></th>`	th 元素代表表格题头
`<tr>`	行标签，表示表格中的一行开始
`<td></td>`	单元格标签，表示表格中的数据（单元格）
`</tr>`	行结束
`</table>`	表格结束

一、创建一个简单表格

（1）3-1.html 代码：

```
1    <html>
2     <body>
3       <h4>这个表格没有边框：</h4>
4       <table>
5        <tr>
6         <td>100</td>
7         <td>200</td>
8         <td>300</td>
9        </tr>
10       <tr>
11        <td>400</td>
12        <td>500</td>
13        <td>600</td>
14       </tr>
15      </table>
16      <h4>这个表格有边框：</h4>
17      <table border="1">
18       <tr>
```

```
19          <td>100</td>
20          <td>200</td>
21          <td>300</td>
22        </tr>
23        <tr>
24          <td>400</td>
25          <td>500</td>
26          <td>600</td>
27        </tr>
28        </table>
29      </body>
30    </html>
```

（2）代码分析：

第 3 行：标题字标签，可以显示标题文字。<h1>~<h6>，<h1>字体最大，<h6>字体最小；

第 17 行：用 border 设置了表格线。

（3）运行结果如图 3-1 所示。

这个表格没有边框：

100 200 300
400 500 600

这个表格有边框：

| 100 | 200 | 300 |
| 400 | 500 | 600 |

图 3-1　表格

二、插入图片的表格

（1）3-2.html 代码：

```
1     <html>
2       <head>
3         <title>带图片表格</title>
4       </head>
5       <body>
6         <table border=1 bordercolor=#ED90F9 cellspacing=0 width=400px height=180px>
7           <!--td 中 colspan 是列合并-->
8           <tr><td colspan=3 align="center">星期一菜谱</td></tr>
9           <!--td 中 rowspan 是行合并-->
10          <tr align="center"><td rowspan=2>素菜</td><td>清炒茄子</td><td>花椒扁豆</td></tr>
11          <tr align="center"><td>小葱豆腐</td><td>炒白菜</td></tr>
12          <tr align="center"><td rowspan=2 align="center">荤菜</td><td>油闷大虾</td><td>海参鱼翅</td></tr>
13          <tr align="center"><td>红烧肉<img src='红烧肉图片.jpg' width=80px /></td><td>烤全羊</td></tr>
```

```
14      </table>
15     </body>
16    </html>
```

（2）代码分析：

第 6 行：用来控制表格的总体外观，属性可以有如：边框（内、外）的大小 border、表格文字与边框的空白 cellspacing、表格与表格外内容的距离 cellspadding、表格的高度 height 和宽度 width、背景颜色 bgcolor、边框的颜色 bordercolor、表格的对齐方式 align 等。

其中：border="1"设置了表格边框线粗细，该值为 0 时，则表格没有边框，值越大，则表格边框越粗；cellspacing="0"设置了表格边框之间的距离，以像素点为单位；bordercolor="#ED90F9"设置了表格边框的颜色；width="400px"设置了表格的宽度；height="180px"设置了表格的高度；

第 8 行：colspan=3 设置了表格的第 1 行，3 列合并，居中显示；

第 10 行：rowspan=2 设置了 2 行合并；

第 13 行：用 img 标签插入图片。

（3）运行结果如图 3-2 所示。

图 3-2　插入图片的表格

三、课程表

（1）3-3.html 代码：

```
1    <html>
2     <head>
3      <title>课程表</title>
4     </head>
5     <body>
6     <table border=1 bordercolor=#66A5FF>
7       <caption align=center>课程表</caption>
8        <tr align="center" ><th>项目</th><th colspan=5>上课</th><th colspan=2>休息</th></tr>
9        <tr  align="center"><th>星期</th><th>星期一</th><th>星期二</th><th>星期三</th><th>星期四</th><th>星期五</th><th>星期六</th><th>星期日</th></tr>
10       <tr><td  rowspan=4  align="center">上 午</td><td>语文</td><td>数学</td><td>英语</td><td>英语</td><td>物理</td><td>计算机</td><td rowspan=4 align="center">休息</td></tr>
11       <tr><td>数学</td><td>数学</td><td>地理</td><td>历史</td><td>化学</td><td>计算机</td></tr>
12       <tr><td>化学</td><td>语文</td><td>体育</td><td>计算机</td><td>英语</td><td>计算机</td></tr>
```

13	`<tr><td>政治</td><td>英语</td><td>体育</td><td>历史</td><td>地理</td><td>计算机</td></tr>`
14	`<tr><td rowspan=2 align="center">`下午`</td><td>`语文`</td><td>`数学`</td><td>`英语`</td><td>`英语`</td><td>`物理`</td><td>`计算机`</td><td rowspan=2 align="center">`休息`</td></tr>`
15	`<tr><td>`数学`</td><td>`数学`</td><td>`地理`</td><td>`历史`</td><td>`化学`</td><td>`计算机`</td></tr>`
16	`</table>`
17	`</body>`
18	`</html>`

（2）运行结果如图 3-3 所示。

图 3-3　课程表

【课后习题】

1．在 HTML 文件中，插入表格使用的标签是_____。

2．在 HTML 文件中，表格的建立将运用_____、_____、_____、_____四个标签完成。

3．_____标签用于定义表格内的表头单元格，在此单元格中的文字以_____的方式显示。

4．设置表格的背景颜色或背景图像可以使用_____和_____属性。

5．_____标签用于定义表格的一行，它一般包含多组由_____或_____标签所定义的单元格。

6．_____标签用于定义表格的单元格，它须放置在_____标签内。

7．显示所有分割线可以使用<table rules="_____";不显示组与组的分隔线可以使用<table rules="_____" >。

8．align 属性的参数值为_____、_____和_____之一。它们分别表示表格位于其相邻文字的位置。

9．在 HTML 文档中用于表示表格的标签对是（　　）。

A．<head></head>　　　　　　　　B．<header></header>

C．<table></table>　　　　　　　　D．<caption></caption>

10．在下列 HTML 标签中，全部都是表格标签的是（　　）。

A．<table><head><tfoot>　　　　　B．<table><tr><td>

C．<table><tr><tt>　　　　　　　　D．<thead><body><tr>

11. 请把注释行"<!--*******Found******-->"下一行语句中的代码进行修改，实现如下效果。

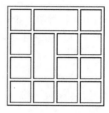

代码：
```
<html>
<body>
<table width="100" border="1">
  <tr>
    <!--**********Found*********-->
    <td> </td><td> </td><td> </td><td> </td>
  </tr>
  <tr>
    <!--**********Found*********-->
    <td> </td><td> </td><td> </td><td> </td>
  </tr>
  <tr>
    <!--**********Found*********-->
    <td> </td><td> </td><td> </td><td> </td>
  </tr>
  <tr>
    <td> </td><td> </td><td> </td><td> </td>
  </tr>
</table>
</body>
</html>
```

12. 建立如下网页。

值日生轮流表

	星期一	星期二	星期三	星期四	星期五
上午	周晓伦		张丽丽		单周：李红
					双周：齐霞
下午	那旭红	李红	王微唯		邓天棋

注意：如遇节假日，正常执行

实验四　列表

【学习要点】

- 有序列表的使用
- 无序列表的使用
- 定义列表的使用
- 列表的嵌套

【实验内容】

HTML 支持有序列表、无序列表和定义列表。

一、无序列表

（1）4-1.html 代码：

```
1    <html>
2      <head>
3        <title>无序列表示例</title>
4      </head>
5      <body text=red bgcolor=#008080>
6        <ul type="circle">
7          <h3>中国四大名著</h3>
8          <li><font color=yellow>三国演义</font></li>
9          <li>水 浒 传</li>
10         <li>红 楼 梦</li>
11         <li>西 游 记</li>
12       </ul>
13     </body>
14   </html>
```

（2）代码分析：

第 5 行：设置了文本颜色 text=red（红色），背景颜色 bgcolor=#008080（海蓝色）；

第 6 行~第 11 行：无序列表是一个项目的列表，始于 <ul> 标签，每个列表项始于 <li>；
type 用于设定符号款式，其值有如下三种：

- type="disc"时的列项符号为实心圆点（默认值）
- type="circle"时的列项符号为空心圆点
- type="square"时的列项符号为空心正方形

第 7 行：设置了本列表项字体颜色 font color=yellow（黄色）。

（3）运行结果如图 4-1 所示。

图 4-1　无序列表

二、有序列表

（1）4-2.html 代码：

```
1    <html>
2      <body>
3        <ol>
4          <li>三国演义</li>
5          <li>水 浒 传</li>
6          <li>红 楼 梦</li>
7          <li>西 游 记</li>
8        </ol>
9        <ol start="50">
10         <li>三国演义</li>
11         <li>水 浒 传</li>
12         <li>红 楼 梦</li>
13         <li>西 游 记</li>
14       </ol>
15     </body>
16   </html>
```

（2）代码分析：

第 9 行：<ol type="属性值" start="起始值">

　　　　　　<li>列表内容</li>

　　　　</ol>

例如：<ol type="i" start="4"></ol>

type="i" start="4"设定开始数目，i 可以取以下值中的任意一个：

1 阿拉伯数字 1,2,3...

a 小写字母 a,b,c...

A 大写字母 A,B,C...

i 小写罗马数字 i,ii,iii...

I 大写罗马数字 I,II,III...

（3）运行结果如图 4-2 所示。

1. 三国演义
2. 水 浒 传
3. 红 楼 梦
4. 西 游 记

50. 三国演义
51. 水 浒 传
52. 红 楼 梦
53. 西 游 记

图 4-2 有序列表

三、定义列表

（1）4-3.html 代码：

```
1    <html>
2      <body>
3        <h2>定义列表：</h2>
4        <dl>
5          <dt>计算机</dt>
6            <dd>用来计算的仪器 ... ...</dd>
7          <dt>显示器</dt>
8            <dd>以视觉方式显示信息的装置 ... ...</dd>
9        </dl>
10     </body>
11   </html>
```

（2）代码分析：

自定义列表以<dl>标签开始，每个自定义列表项以<dt>开始，每个自定义列表项的定义以<dd>开始，定义列表的列表项内部可以使用段落、换行符、图片、链接以及其他列表等。

（3）运行结果如图 4-3 所示。

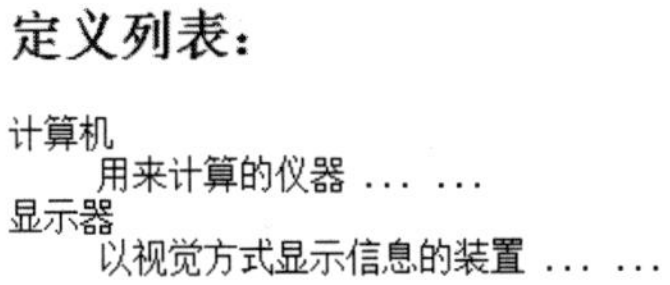

定义列表：

计算机
    用来计算的仪器 ... ...
显示器
    以视觉方式显示信息的装置 ... ...

图 4-3 定义列表

四、列表嵌套

（1）4-4.html 代码：

```
1    <html>
2      <head>
3        <title>列表嵌套</title>
4      </head>
5      <body>
```

```
6          <ul type=square>
7            <li><u>图像设计软件</u>
8              <ol type=i>
9                <li>Photoshop
10               <li>Illustrator
11               <li>Freehand
12               <li>CorelDraw
13             </ol>
14           <li><u>网页制作软件</u>
15             <ol type=i>
16               <li>Dreamweaver
17               <li>Frontpage
18               <li>Golive
19             </ol>
20           <li><u>网页动画软件</u>
21             <ol type=i>
22               <li>Flash
23               <li>LiveMotion
24             </ol>
25         </ul>
26       </body>
27   </html>
```

（2）代码分析：

第 6 行：定义了列表的第 1 级；

第 7 行、第 14 行、第 20 行：定义了无序列表的内容，并使用<u>标签添加了下划线；

第 8 行~第 13 行、第 15 行~第 19 行、第 21 行~第 24 行：定义了二级列表。

（3）运行结果如图 4-4 所示。

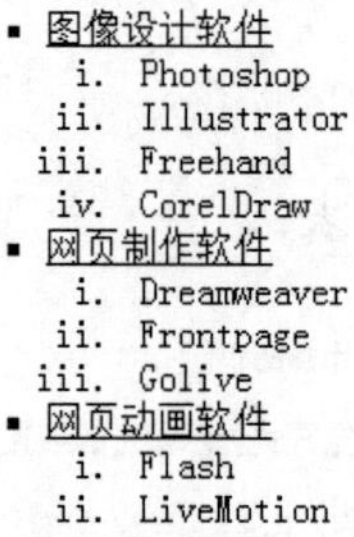

- 图像设计软件
  - i. Photoshop
  - ii. Illustrator
  - iii. Freehand
  - iv. CorelDraw
- 网页制作软件
  - i. Dreamweaver
  - ii. Frontpage
  - iii. Golive
- 网页动画软件
  - i. Flash
  - ii. LiveMotion

图 4-4 列表嵌套

五、定义列表嵌套

（1）4-5.html 代码：

```
1   <html>
2     <head>
3       <title>定义列表嵌套</title>
4     </head>
```

```
5      <body>
6        <h3>图像设计软件</h3>
7        <dl>
8          <dt><u>Photoshop</u>
9            <dd>Adobe 公司产品
10           <dd>图像处理软件
11         <dt><u>Illustrator</u>
12           <dd>Adobe 公司产品
13           <dd>矢量绘图软件
14         <dt><u>Freehand</u>
15           <dd>Adobe 公司产品
16           <dd>矢量绘图软件
17         <dt><u>CorelDraw</u>
18           <dd>Corel 公司出品
19           <dd>矢量绘图软件
20       </dl>
21     </body>
22   </html>
```

（2）代码分析：

第 8 行、第 11 行、第 14 行、第 17 行：定义了列表的第 1 级，并使用<u>标签添加了下划线；

第 9 行~第 10 行、第 12 行~第 13 行、第 15 行~第 16 行、第 18 行~第 19 行：定义了列表的解释。

（3）运行结果如图 4-5 所示。

图像设计软件

Photoshop
　　　　Adobe公司产品
　　　　图像处理软件
Illustrator
　　　　Adobe公司产品
　　　　矢量绘图软件
Freehand
　　　　Adobe公司产品
　　　　矢量绘图软件
CorelDraw
　　　　Corel公司出品
　　　　矢量绘图软件

图 4-5　定义列表嵌套

【课后习题】

1．在 HTML 文件中，列表是_____。

2．在 HTML 文件中，列表可以分为_____、_____、_____。

3．将一个列表嵌入另一个列表中，作为另一个列表的一部分，叫_____。

4．HTML 文档中使用的列表主要有_____列表、定义列表、目录列表、菜单列表和_____列表。标签依次为_____。

5．无序列表标签<ul>用于说明文件中需要列表的某些成分，可以按照任意顺序显示出来，它使用_____属性来控制行的标号。

6．无论有序列表还是无序列表的嵌套，浏览器都可以_____地分层排列。

7．<ul></ul>标签和<ol></ol>标签中分别可以插入无序列表和有序列表，但<ul>和<ol>标签之间必须使用_____标签添加列表值。

8．<dt>和<dd>标签在_____标签中使用。

9．关于列表标签，以下说法正确的是（　　）。

A．<ul>标签是有序列表；有序列表使用编号来编排项目

B．<ol>标签是无序列表；在无序列表中，各个列表项之间没有顺序级别之分

C．<ul>标签是无序列表；无序列表使用编号来编排项目

D．<ol>标签是有序列表；有序列表使用编号来编排项目

10．在下图横线上填写标签，实现如下图的列表。

无序列表：

- 苹果
- 香蕉
- 柠檬

默认有序列表：

1. 苹果
2. 香蕉
3. 柠檬

大写罗马字母有序列表：

I. 苹果
II. 香蕉
III. 柠檬

```
<html>
<body>
<h4>无序列表：</h4>
<!--**********Found**********-->
<___1___>
  <li>苹果</li>
  <li>香蕉</li>
  <li>柠檬</li>
<!--**********Found**********-->
</___2___>
<h4>默认有序列表：</h4>
<!--**********Found**********-->
<___3___>
  <li>苹果</li>
  <li>香蕉</li>
  <li>柠檬</li>
<!--**********Found**********-->
</___4___>
```

```
<h4>大写罗马字母有序列表：</h4>
<!--**********Found*********-->
<___5___>
    <li>苹果</li>
    <li>香蕉</li>
    <li>柠檬</li>
<!--**********Found*********-->
</___6___>
</body>
</html>
```

实验五　表单

【学习要点】

- 表单的提交
- 单选表单的创建
- 多选表单的创建
- 下拉表单的创建

【实验内容】

HTML 表单是页面与浏览器端实现交互的重要手段，利用表单可以收集客户端提交的有关信息。

一、表单提交

表单的主要功能是收集信息，具体说是收集浏览者的信息，例如在网上要申请一个电子邮箱，就必须按要求填写网站提供的表单页面，其内容主要是姓名、年龄、联系方式等个人信息，然后才能使用。

（1）5-1.html 代码：

```
1    <html>
2      <head>
3        <title>form 表单提交示例</title>
4      </head>
5      <body>
6        <h1>    登录界面</h1>
7        <form action="ok.html" method="post">
8          用户名：<input type="text" name="username"/><br>
9          密  码：<input type="password" name="pwd" /><br>
10                 <input   type="submit"   value="登录" />  <input type="reset" value="重新填写" />
11       </form>
12     </body>
13   </html>
```

Ok.html 代码：

```
1    <body>
2      登录成功，OK!
3    </body>
```

（2）代码分析：

第 7 行～第 11 行：定义表单，基本语法是：

```
<form action="url" method="提交的方法(get/post)默认为 get 方法">
    各种元素[输入框、下拉列表、文本框、密码框等]
</form>
```

注意：action 是把指定的请求交给哪个页面；get 不安全，会将输入的密码显示在浏览器地址栏中，所以建议使用 post 方法进行内容提交。

第 8 行~第 10 行：表单元素，通常格式是：

```
<input type=* name=** />
```

type=text(文本框)/password(密码框)/hidden(隐藏域)/checkbox(复选框)/radio(单选框)/submit(提交按钮)/reset(重置按钮)/image(图片按钮)

name 是你给该表单控件取名。

（3）运行结果如图 5-1 所示。

登录界面

用户名：
密　码：
登　录　　重新填写

图 5-1　表单提交

二、单选按钮

单选按钮能够进行项目的单项选择。

（1）5-2.html 代码：

```
1    <html>
2      <head>
3        <title>单选表单</title>
4      </head>
5      <body>
6        <form name="input" action="" method="get">
7        男:
8          <input type="radio" name="Sex" value="男" checked="checked">
9            <br />
10       女:
11         <input type="radio" name="Sex" value="女">
12         <br />
13         <input type ="submit" value ="提交">
14       </form>
15     <p>如果您点击 "提交" 按钮，您将把输入传送到 action="" 所指定的新页面。</p>
16     </body>
17   </html>
```

（2）代码分析：

第 8 行、第 11 行：创建了一个单选按钮，其中，每一个单选按钮有其独立的值，"男"项目是被默认选择的；

第 13 行：创建了一个提交按钮，按钮显示为：提交。

（3）运行结果如图 5-2 所示。

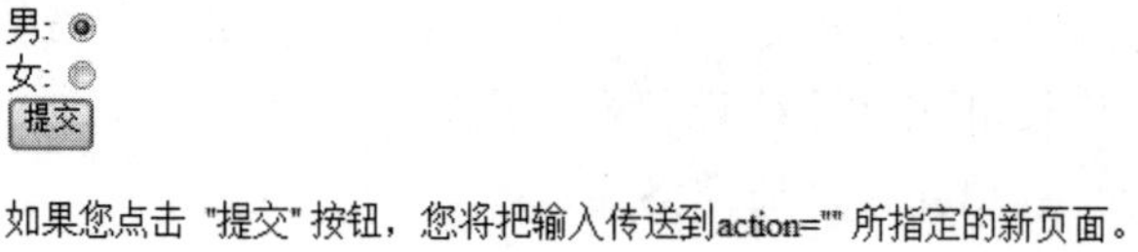

男：⊙
女：○
提交

如果您点击 "提交" 按钮，您将把输入传送到action="" 所指定的新页面。

图 5-2　单选按钮

三、复选框

浏览者填写表单时，有一些内容可以通过让浏览者做出选择的形式来实现，如常见的网上调查，首先提出调查的内容，然后让浏览者在若干个选项中做出选择。

（1）5-3.html 代码：

```
1    <html>
2      <body>
3        <form name="input" action="" method="get">
4        我喜欢的水果是香蕉
5          <input type="checkbox" name="vehicle" value="香蕉" checked="checked" />
6          <br />
7        我喜欢的水果是苹果
8          <input type="checkbox" name="vehicle" value="苹果" />
9          <br />
10       我喜欢的水果是菠萝
11         <input type="checkbox" name="vehicle" value="菠萝" />
12         <br /><br />
13         <input type="submit" value="提交" />
14       </form>
15     <p>如果您点击 "提交" 按钮，您将把输入传送到 action=""所指定的新页面。</p>
16     </body>
17   </html>
```

（2）代码分析：

第 5 行、第 8 行、第 11 行：创建复选框，"香蕉"项目默认为选择项。

（3）运行结果如图 5-3 所示。

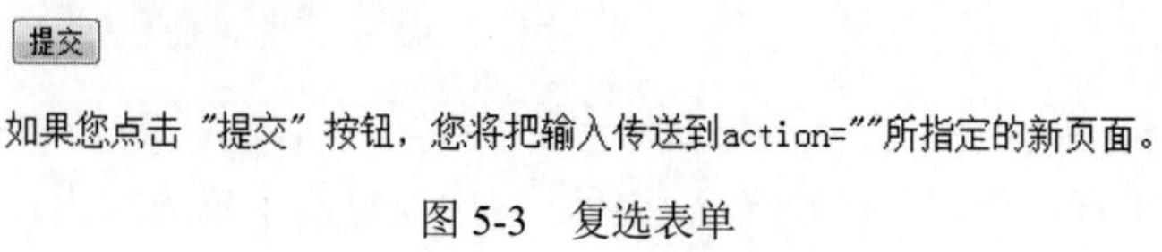

我喜欢的水果是香蕉　☑
我喜欢的水果是苹果　☐
我喜欢的水果是菠萝　☐

提交

如果您点击 "提交" 按钮，您将把输入传送到action=""所指定的新页面。

图 5-3　复选表单

四、下拉表单

（1）5-4.html 代码：

```
1    <html>
2      <head>
3        <title>下拉表单</title>
4      </head>
5      <body>
6        <form>
7          <select name="cars">
8            <option value="volvo">沃尔沃</option>
9            <option value="saab">宝马</option>
10           <option value="fiat">丰田</option>
11           <option value="audi">奥迪</option>
12         </select>
13       </form>
14     </body>
15   </html>
```

（2）代码分析：

第 7 行：定义了菜单；

第 8 行~第 11 行：定义了选项，其中"沃尔沃"为默认选项。

（3）运行结果如图 5-4 所示。

图 5-4　下拉表单

五、文字域表单

文字域表单用来制作多行的文字域，可以在其中输入更多的文本。

（1）5-5.html 代码：

```
1    <html>
2      <head>
3        <title>文字域表单</title>
4      </head>
5      <body>
6        <h1>用户调查</h1>
7        <form action="" method=get name=invest>
8        请留言：<br>
9          <textarea name="comment" rows=5 cols=40>
10         </textarea><br>
11           <input type="submit" name="submit" value="提交表单">
```

```
12        </form>
13      </body>
14    </html>
```

（2）代码分析：

第 9 行：定义了文字域的行数为 5，列数为 40 个字符。

（3）运行结果如图 5-5 所示。

图 5-5   文字域表单

六、综合性的表单

（1）5-6.html 代码：

```
1    <html>
2      <head>
3        <title>综合性表单示例</title>
4      </head>
5      <body>
6        <h3>用户调查</h3>
7        <form action="" method=get name=invest>
8          姓名：<input type="text" name="username" size=20/><br>
9          性别：
10         <input type="radio" name="sex" value="nan" checked>男
11         <input type="radio" name="sex" value="nv">女<br>
12         请上传你的照片：<input type="file" name="file"><br>
13         请选择你喜欢的音乐：
14         <input type="checkbox" name="m1" value="rock" checked>摇滚乐
15         <input type="checkbox" name="m2" value="jazz">爵士乐
16         <input type="checkbox" name="m3" value="pop">流行乐<br>
17         请选择你居住的城市：
18         <input type="radio" name="city" value="changchun" checked>长春
19         <input type="radio" name="city" value="siping">四平
20         <input type="radio" name="city" value="jilin">吉林
21         <input type="radio" name="city" value="tonghua">通化<br>
22         备注：<br>
23         <textarea name="comment" rows=5 cols=40>
24         </textarea><br>
```

```
25                  <input type="image" name="image" src="button.jpg" >
26          </form>
27      </body>
28  </html>
```

（2）代码分析：

第 7 行：创建一个表单；

第 10 行：创建单选按钮；

第 14 行：创建复选框；

第 23 行：创建文字域表单；

第 25 行：创建图像提交按钮；图像提交按钮是一张图片，这幅图片具有按钮的功能。使用默认的按钮形式往往会让人觉得单调，如果网页使用了较为丰富的色彩，或稍复杂的设计，再使用表单默认的按钮形式甚至会破坏整体的美感。这时，可以使用图像域创建和网页整体效果相统一的图像提交按钮。

（3）运行结果如图 5-6 所示。

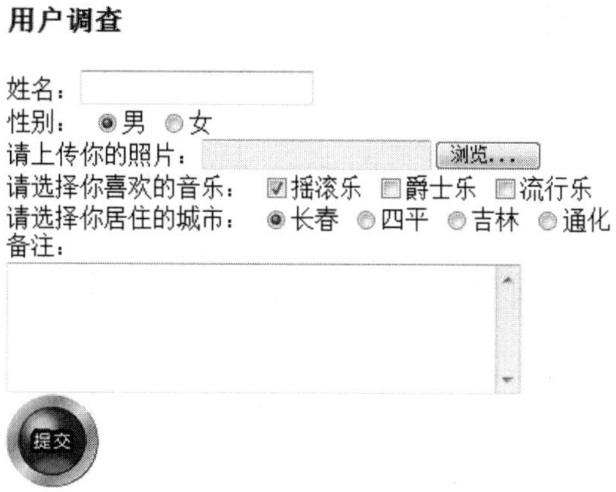

图 5-6　综合性的表单

【课后习题】

1．在 HTML 文件中，表单是_____。

2．HTML 是用_____来设计交互界面的。

3．在<form>的开始与结束标签之间，有三个特殊标签，它们是_____、_____、_____。

4．在<textarea>标签中，_____属性用于指定文本输入框的名字；_____属性用于规定文本输入框的宽度；_____属性用于规定文本输入框的高度。

5．（　　）属性不属于表单标签<form>的属性。

　　A．src　　　　　　　　　　　　B．name

　　C．method　　　　　　　　　　D．action

6．在下列横线的空白处填上适合的标签，使之显示如图所示的效果。

手机品牌调查表

请输入您的姓名：[   ]

1. 您使用过多少部手机：[一部   ▼]

2. 如果让您从下列品牌选择，您会选择哪个品牌？

   ◉诺基亚 ○联想 ◉三星 ○摩托罗拉

3. 如果您更换手机，您将关注下列哪些功能是否具备？
   ☐无线上网 ☐游戏娱乐 ☐卫星导航 ☐电池使用时长

4. 请您描述一下在您心目中一部理想的手机是哪种类型？

   [   ]

[提交] [重置]

代码：

```html
<html>
    <body>
    <h1>手机品牌调查表</h1>
        <form action="" method="get">
            <p>请输入您的姓名：<input type="text"/></p>
            <p>
            1．您使用过多少部手机：
            <select><option>一部</option><option>……</option><option>二十一部</option></select>
            </p>
            <p>
            2．如果让您从下列品牌选择，您会选择哪个品牌？</p>
            <p>
                <!--**********Found**********-->
                <input type="___1___" name="rdo"/>诺基亚
                <!--**********Found**********-->
                <input type="___2___" name="rdo"/>联想
                <!--**********Found**********-->
                <input type="___3___" name="rdo"/>三星
                <!--**********Found**********-->
                <input type="___4___" name="rdo"/>摩托罗拉
            </p>
            <p>
            3．如果您更换手机，您将关注下列哪些功能是否具备？<br/>
            <!--**********Found**********-->
            <input type="___5___"/>无线上网
            <!--**********Found**********-->
            <input type="___6___"/>游戏娱乐
            <!--**********Found**********-->
            <input type="___7___"/>卫星导航
            <!--**********Found**********-->
            <input type="___8___"/>电池使用时长
            </p>
```

```
          <p>
  4．请您描述一下在您心目中一部理想的手机是哪种类型？<br/>
  <!--**********Found*********-->
  <____9____ rows=5 cols=60></____9____>
              </p>
              <p>
                  <!--**********Found*********-->
  <input type="___10___" value="提 交"/><input type="___10___" value="重 置"/>
              </p>
          </form>
      </body>
</html>
```

7．请把注释行"<!--*******Found******-->"下一行语句中的代码进行修改，实现如下效果。

```
              用户：  [                    ]
              密码：  [                    ]
```

代码：

```
<html>
<body>
<form>
    用户：
    <!--**********Found*********-->
    <txt type="text" name="user">
        <br />
    密码：
    <!--**********Found*********-->
    <pass type="*" name="pass">
</form>
</body>
</html>
```

8．在下列横线的空白处填上适合的标签，使之显示如图所示的效果。

```
              男性：  ◌
              女性：  ◉
              婚否：  [未婚 ▼]
```

代码：

```
<html>
<body>
<form>
    男性：
    <input type="radio" name="Sex" value="male" />
        <br />
```

女性：
<!--**********Found*********-->
<input type="radio" name="Sex" value="female"____1____/>

婚否：
<select name="marital">
    <option>已婚</option>
    <!--**********Found*********-->
    <option____2____>未婚</option>
</select>
</form>
</body>
</html>

实验六　框架

【学习要点】

● 框架的定义
● 框架集标签属性
● 框架与链接

【实验内容】

框架是一种常用的网页布局工具，它的作用是把浏览器的显示空间分割为几个部分，每个部分都可以独立显示不同的网页。框架的主要优点是浏览者用它可以加载或者重新加载单个窗格，而不需要重新加载浏览器窗口的全部内容。

一、左右框架

（1）6-1.html 代码：

```
1    <html>
2      <head>
3        <title>左右框架</title>
4      </head>
5        <!--使用 frameset/frame 框架就不能使用 body,否则不显示-->
6        <!--frameborder 分割线的尺寸-->
7        <frameset cols="30%,*" frameborder=0>
8        <!--noresize 不允许分割线移动-->
9          <frame src="6-1left.html" noresize/>
10         <frame src="6-1right.html" />
11       </frameset>
12   </html>
```

6-1left.html 代码：

```
1    <body bgcolor="yellow">
2      周杰伦
3    </body>
```

6-1right.html 代码：

```
1    <body bgcolor=#9095FF>
2      东风破歌词<br>
3      一盏离愁孤单伫立在窗口<br>
4      我在门后假装你人还没走<br>
5      旧地如重游月圆更寂寞<br>
6    </body>
```

（2）代码分析：

框架的基本格式：

<frameset frameborder="边框大小" cols="列百分比分割窗口,(逗号隔开)" rows="行百分比分割窗口">

<frame name="给 frame 取名" src="html 路径" noresize>

</frameset>

（3）运行结果如图 6-1 所示。

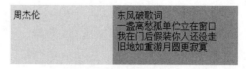

图 6-1   左右框架

二、综合框架

（1）6-2.html 代码：

```
1    <html>
2      <head>
3        <title>框架综合使用</title>
4      </head>
5      <frameset rows="15%,*" frameborder=0 framespacing=5 >
6        <frame src="6-2top.html" scrolling=no noresize />
7      <frameset cols="20%,*" frameborder=1>
8        <!--frame 元素中 name 属性，可以给 frame 起名可用于内容切换-->
9        <frame name="left" src="6-2left.html" noresize />
10       <frame name="right" src="6-2right1.html" />
11     </frameset>
12     </frameset>
13   </html>
```

6-2top.html 代码：

```
1    <body>
2      <img src="6-2 图片.jpg" />
3    </body>
```

6-2left.html 代码：

```
1    <body>
2      <a href="6-2right1.html" target="right">东风破</a><br>
3      <a href="6-2right2.html" target="right">青花瓷</a><br>
4      <a href="6-2right1.html" target="right">东风破</a><br>
5      <a href="6-2right2.html" target="right">青花瓷</a><br>
6    </body>
```

6-2right1.html 代码：

```
1    <body bgcolor=#9095FF>
2    东风破歌词<br>
3    一盏离愁孤单伫立在窗口<br>
4    我在门后假装你人还没走<br>
```

5   旧地如重游月圆更寂寞
6   </body>

6-2right2.html 代码：

1   <body bgcolor=#FF00FF>
2   青花瓷歌词
3   素胚勾勒出青花笔锋浓转淡
4   瓶身描绘的牡丹一如你初妆
5   </body>

（2）6-2.html 代码分析：

第 5 行：定义了上下框架；

第 7 行：定义了左右框架。

页面框架结构如下所示：

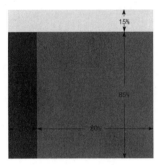

（3）运行结果如图 6-2 所示。

图 6-2 综合框架

【课后练习】

1．框架的分割方式有_____、_____、_____。

2．框架的标签包括_____和<frameset>。

3．框架的<frame>标签中的 noresize 属性可以设置_____的尺寸。

4．窗口框架的基本结构，主要利用_____标签和_____标签来定义。

5．控制窗口的属性需要通过_____标签，它最重要的属性是_____属性和_____属性来设置。

6．<frameset>标签主要有五个属性，分别是_____、_____、_____、_____、_____。

实验七　超链接

【学习要点】

● 熟练掌握网站导航的超链接设计
● 掌握多媒体的使用方法

【实验内容】

超链接是网页中最重要的元素之一，一个网站是由多个网页组成，网页之间通过链接实现相互关联。

超链接的 4 种样式：

```
a:link{color:#ff0000}          /*未访问的超链接*/
a:visited{ color:# 00ff00}     /*已访问的超链接*/
a:hover{color:#ff00ff}         /*鼠标悬停时的超链接*/
a:active{color:#0000ff}        /*激活的超链接*/
```

一、改变文字超链接的外观，鼠标悬停时文字超链接

（1）7-1.html 代码：

```
1    <style type="text/css">
2      .nav a{
3        padding:8px 15px;
4        text-decoration:none;      /*正常状态无修饰*/
5        }
6      .nav a:hover{
7        color:#ff7300;
8        font-size:20px;
9        text-decoration:underline;
10       }
11   </style>
12   <body>
13     <div class="nav">
14     <a href="#">信息传播工程学院</a>    /*<a href=链接目标>显示内容</a>*/
15     <a href="#">艺术设计学院</a>
16     <a href="#">纺织服装学院</a>
17     </div>
18   </body>
```

（2）代码分析：

第 4 行：定义文字没有任何修饰；

第 6 行：a:hover 是对鼠标指针位于链接的文字上方悬停时设置效果；

第 7 行：设置鼠标悬停时文字的颜色；

第 8 行：设置鼠标悬停时字体的大小；

第 9 行：设置鼠标悬停时字体显示下划线。

（3）运行结果如图 7-1 所示。

（a）鼠标未悬停时　　　　　　　　　　　（b）鼠标悬停在文字超链接上时

图 7-1　鼠标悬停时的效果

二、创建按钮式超链接，当鼠标悬停到按钮上时，可以看到超链接类似按钮"下按"的效果

（1）7-2.html 代码：

```
1    <style type="text/css">
2      a{font-family:Arial;
3         font-size:12px;
4         text-align:center;
5         margin:3px;
6         }
7      a:link,a:visited{
8         color:#a62020;
9         padding:4px 10px 4px 10px;
10        background-color:#ddd;
11        text-decoration:none;
12        border-top:1px solid #eee;
13        border-left:1px solid #eee;
14        border-bottom:1px solid #707171;
15        border-right:1px solid #707171 ;
16        }
17     a:hover{
18        color:#821818;
19        padding:5px 8px 3px 12px;
20        background-color:#ccc;
21        border-top:1px solid #707171;
22        border-left:1px solid #707171;
23        border-bottom:1px solid #eee;
24        border-right:1px solid #eee;
25        }
26   </style>
27   <body>
28     <h2>艺术设计学院专业设置</h2>
29     <a href="#">动画</a>
30     <a href="#">环艺</a>
31     <a href="#">传媒</a>
32     <a href="#">基础</a>
33     <a href="#">纺织</a>
```

34　　　<a href="#">服装</a>

35　　</body>

（2）代码分析：

当为链接的不同状态设置样式时，按照以下次序规则：

- a:hover 必须位于 a:link 和 a:visited 之后。
- a:active 必须位于 a:hover 之后。

第 2 行~第 6 行：设置 a 标签的字体、字号、位置及外边距；

第 7 行~第 16 行：设置按钮内部字体的颜色、内边距、背景色等；

第 17 行~第 25 行：设置鼠标经过时按钮的下按效果。

（3）运行结果如图 7-2 所示。

（a）原图

（b）"下按"效果

图 7-2　鼠标下按运行效果

三、简单的链接到其他网页

（1）7-3.html 代码：

```
1   <html>
2     <head>
3       <title>链接到其他网页</title>
4     </head>
5     <body>
6       <a href="7-2.html">让我们看一看第二个题的图标</a>
7     </body>
8   </html>
```

（2）代码分析：

此题建立一个链接标签，它链接到 7-2.html 网页，当我们点击链接标签时，网页自动跳转到 7-2.html 网页。

（3）运行结果如图 7-3 所示。

让我们看一看第二个题的图标

（a）　　　　　　　　　　　　　　　　　　　　　　（b）

图 7-3　简单链接

四、超链接

（1）7-4.html 代码：

```
1    <html>
2      <head>
3        <title> 超链接实例</title>
4      </head>
5      <body>
6        <h1 align="center">各种不同超链接方式的创建<h1>
7        <hr/>
8        <p align="center"><a href="http://www.baidu.com">外部链接</a>
9        <a href="form.html">本地链接</a>
10       <a href="mailto:frashman@sina.com">邮件链接</a>
11       <a href="忆江南.rar">下载链接</a>
12       <a href="#mj">锚记链接</a></p>
13       <p align="center"><a href="http://www.baidu.com"><img src="img/baidu.jpg" width="135" height="65"/></a></p>
14       <p align="center"> <a href="img/01.jpg"><img src="img/01.jpg" width="425" height="240"/></a></p>
15    <br/><br/><br/><br/><br/><br/><br/><br/><br/><br/><br/><br/><br/><br/><br/>
16    <br/><br/><br/><br/><br/><br/><br/><br/><br/><br/><br/><br/>
17    <p align="center"><a name="mj">这里是定义锚记点的位置，在下面加图片内容</a><br/>
18      <img src="img/01.jpg"/></p>
19    </body>
20   </html>
```

（2）代码分析：

超链接是网页页面中重要元素之一，是一个网站的灵魂，是各个页面的链接纽带，各个网页依靠超链接才能确定相互的导航关系，这里用<a>标签建立超链接。

第 8 行：链接的目标是一个网络 URL，是外部链接；

第 9 行：链接的是本地的一个网页，是本地链接，需要把 form.html 和当前的网页放在同一个目录中才能正常链接；

第 11 行：链接的目标是一个压缩文件，浏览器默认为下载，这就是下载链接；

第 12 行：锚点链接可以在同一页面内链接，也可以在不同页面间链接，建立锚点链接需要两个步骤：建立锚点和为锚点建立链接。基本语法是：

● 同一个页面内使用锚点链接的格式：<a href="#锚点名称">链接标题</a>

● 不同页面之间使用锚点链接的格式：<a href="URL 地址# 锚点名称">链接标题</a>

所以，不管链接是否发生在同一页面，锚点链接的 href 属性值中锚点名称前都加上了"#"字符；

第 13 行：图片链接在<a>和</a>之间包含<img src="***">，鼠标单击即可链接到 href 对应的文件，图片既可以链接到一个网页，也可以链接到其他对象。

（3）运行结果如图 7-4 所示。

各种不同超链接方式的创建

外部链接 本地链接 邮件链接 下载链接 锚记链接

图 7-4 超链接

【课后习题】

1．在 HTML 中，URL 是_____。
2．HTML 的超链接是通过标签_____和_____来实现的。
3．HTML 支持的超链接主要有_____、_____两种。
4．HTML 文件提供的三种路径：_____、_____、_____。
5．URL 的格式是由_____、_____和_____组成。
6．超链接可运用_____写邮件，建立链接到其他网站上的网页的超链接。
7．在 HTML 中，超链接标签的格式为<a_____="链接位置">超链接名称</a>。
8．利用外部链接设计如下网页（鼠标经过，文字变成英文）

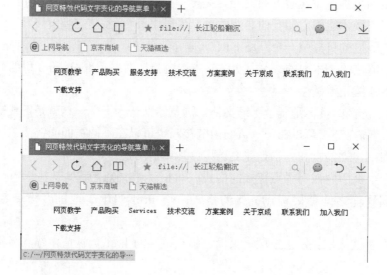

实验八　HTML 综合案例

【学习要点】

- 页面简单布局
- 表单使用
- 列表使用
- 表格使用
- 框架的结构
- 框架与链接

【实验内容】

1. 为页面添加正确的 DOCTYPE

DOCTYPE 是 document type 的简写。主要用来说明 XHTML 或者 HTML 是什么版本，浏览器根据 DOCTYPE 定义的 DTD（文档类型定义）来解释页面代码。

XHTML1.0 提供了三种 DOCTYPE 可选择：

（1）过渡型（transitional）

要求非常宽松的 DTD，它允许继续使用 HTML4.01 的标识（但是要符合 xhtml 的写法）。完整代码如下：

```
<!DOCTYPE html PUBLIC "-//W3C//DTD XHTML 1.0 transitional//EN" "http://www.w3.org/TR/xhtml1/DTD/xhtml1-transitional.dtd">
```

（2）严格型（strict）

要求严格的 DTD，不能使用任何表现层的标识和属性，例如
。完整代码如下：

```
<!DOCTYPE html PUBLIC "-//W3C//DTD XHTML 1.0 strict//EN" "http://www.w3.org/TR/xhtml1/DTD/xhtml1 -strict.dtd">
```

（3）框架型（frameset）

专门针对框架页面设计使用的 DTD，如果页面中包含有框架，需要采用这种 DTD。完整代码如下：

```
<!DOCTYPE html PUBLIC "-//W3C//DTD XHTML 1.0 frameset//EN" "http://www.w3.org/TR/xhtml1/DTD/xhtml1-frameset.dtd">
```

2. 设定一个名字空间（namespace）

直接在 DOCTYPE 声明后面添加如下代码：

```
<html xmlns="http://www.w3.org/1999/xhtml" >
```

一个 namespace 是收集元素类型和属性名字的一个详细的 DTD，namespace 声明允许通过一个在线地址指向来识别 namespace。只要照样输入代码就可以。

3. 声明编码语言

为了被浏览器正确解释和通过标识校验，所有的 XHTML 文档都必须声明它们所使用的编码语言。代码如下：

`<meta http-equiv="Content-Type" content="text/html; charset=GB2312" />`

这里声明的编码语言是简体中文 GB2312，如果需要制作繁体内容，可以定义为 BIG5。

4. 用小写字母书写所有的标签

XHTML 对大小写是敏感的，所以，XHTML 是区分大小写的，所有的 XHTML 元素和属性的名字都必须使用小写，否则你的文档将被 W3C 校验认为是无效的。

5. 关闭所有的标签

在 XHTML 中，每一个打开的标签都必须关闭。空标签也要关闭，在标签尾部使用一个正斜杠"/"来关闭它们自己。例如：`</body>`、`</head>`等。

本次实验我们综合所学的表单、表格、列表、框架等知识，制作一个简单的网页。

图 8-1　网站全貌

一、主文件的定义

注意使用 rows 将窗口上下分割，使用 cols 将窗口左右分割。主文件里 src 引用的文件名称要与后面建立的文档名称一致。建立一个文本文件，名称为 main.html。

（1）main.html 代码：

```
1    <!DOCTYPE html PUBLIC "-//W3C//DTD XHTML 1.0 Transitional//EN"
2    "http://www.w3.org/TR/xhtml1/DTD/xhtml1-transitional.dtd">
3    <html xmlns="http://www.w3.org/1999/xhtml">
4    <meta http-equiv="Content-Type" content="text/html; charset=utf-8"/>
5      <head>
6        <title>框架制作</title>
7      </head>
```

```
8        <bgsound src=音乐.mid loop=2>
9        <frameset rows="12%,88%">
10         <frame src="top.html"    marginwidth="1">
11         <frameset cols="20%,80%">
12           <frame src="menu.html" marginwidth="1">
13           <frame name="main" src="" marginwidth="1">
14         </frameset>
15       </frameset>
16     </html>
```

（2）代码分析：

第 1 行：DOCTYPE 声明必须放在每一个 XHTML 文档最顶部，在所有代码和标识之上；

第 3 行：定义名字空间；因为 XHTML1.0 不能自定义标识，所以它的名字空间都相同，就是"http://www.w3.org/1999/xhtml"，初学阶段我们只要照抄代码就可以了；

第 4 行：声明语言编码，为了被浏览器正确解释和通过 W3C 代码校验，所有的 XHTML 文档都必须声明它们所使用的编码语言，我们一般还经常使用 GB2312（简体中文），制作多国语言页面也有可能用 Unicode、ISO-8859-1 等，根据需要定义；

第 8 行：添加背景音乐并设置循环播放次数为 2；

第 9 行：将窗口划分为上部 12%，下部为 88%；<frameset>称框架标签,用以宣告 HTML 文件为框架模式，用来定义窗口分割的方式，这里分割的方式指纵向和横向的划分，<frameset>可以嵌套，内层的<frameset>表示对已经分割的窗口再进行分割；

第 11 行：将下部窗口又划分为左右两部分，这里应用了<frameset>的嵌套。<frame>在<frameset>标签下使用，<frame>标签的个数应与其所属的<frameset>标签分割的框架数目相同，与窗口的对应关系是按排列顺序逐个对应。

二、建立窗口的上部分，名称为 top.html

（1）top.html 代码：

```
1    <html>
2    <head>
3    </head>
4    <body background="background03.jpg">
5      <font size="10"><center><b>欢迎访问我们的网站</b></center></font>
6    </body>
7    </html>
```

（2）代码分析：

这段代码是页面顶部的设置。

第 4 行：添加了名为 background03.jpg 的背景图片，源图片要和其他代码放在一个目录下；

第 5 行：设置字号并且居中显示。

三、建立窗口下部分左侧窗口，命名为 menu.html

（1）menu.html 代码：

```
1    <html>
2      <head>
3        <title>无序列表</title>
4      </head>
5    <body background="background03.jpg">
6        <h1>菜单目录</h1>
7        <hr/>
8        <ul>
9          <li>一级菜单
10          <ul type="disc">
11            <li><a href="3-3.html" target="main">表格预览</a></li>
12            <li><a href="列表.html" target="main">列表</a></li>
13            <li><a href="imge.html" target="main">图片预览</a></li>
14            <li><a href="滚动字幕.html" target="main">滚动字幕</a></li>
15          </ul>
16        </li>
17      </ul>
18    </body>
19    </html>
```

（2）代码分析：

这是页面下部分左侧菜单目录的建立。

第 8 行~第 15 行：用<ul>定义无序列表，无序列表由<ul>开始，</ul>结束；列表内部的每个项目由<li>开始，</li>结束；各个列表项之间没有顺序级别之分，通常使用一个项目符号作为每条列表项的前缀；

第 11 行~第 14 行：建立了 4 个超链接，href 表示链接的地址，target 表示指定链接的目标窗口。

（3）运行结果如图 8-2 所示。

图 8-2　无序列表

四、menu.html 的第一个链接，建立文本命名为：表格.html

表格.html 代码见实验三课程表代码 3-3.html。

五、menu.html 的第二个链接，建立文本命名为：列表.html

（1）列表.html 代码：

```
1    <html>
2      <head>
3      <title>列表</title>
4      </head>
5      <body background="background03.jpg">
6        <strong>网页制作有序列表</strong>
7        <ol>        <!--有序列表-->
8          <li>Dreamweaver</li>
9          <li>Fireworks</li>
10         <li>Flash</li>
11       </ol>
12       <strong>网页制作无序列表</strong>
13       <ul>        <!--无序列表-->
14         <li>Dreamweaver</li>
15         <li>Fireworks</li>
16         <li>Flash</li>
17       </ul>
18     </body>
19   </html>
```

（2）代码分析：

第 5 行：<strong>标签的作用是强调显示；

第 6 行~第 10 行：<ol>标签和<li>标签必须配合使用，定义有序列表；

第 12 行~第 16 行：<ul>标签和<li>标签必须配合使用，定义无序列表。

（3）运行结果如图 8-3 所示。

图 8-3 有序列表和无序列表效果

六、menu.html 的第三个链接，建立文本命名为：imge.html

（1）imge.html 代码：

```
1    <html>
2        <body background="background03.jpg">
3          <br/><br/>
```

```
4         <ul>
5           <li style="list-style:none;">
6             <img   src="01.jpg" alt="家" width="160px" height="160px"/>
7             <img   src="04.jpg" alt="花园" width="160px" height="160px"/>
8             <img   src="03.jpg" alt="自然风光" width="160px" height="160px"/>
9           </li>
10          <li style="list-style:none;">
11            <img   src="02.jpg" alt="自然风光" width="160px" height="160px"/>
12            <img   src="05.jpg" alt="花园" width="160px" height="160px"/>
13            <img   src="06.jpg" alt="自然风光" width="160px" height="160px"/>
14          </li>
15        </ul>
16      </body>
17    </html>
```

（2）代码分析：

第 5 行：<li style="list-style:none;">把列表项的项目符号隐藏；

第 6 行~第 8 行和第 11 行~第 13 行：引用标签<img>的 src 属性来设置图片位置。这里使用 alt 属性是为了给那些不能看到文档中图像的浏览者提供文字说明。这包括那些使用本来就不支持图像显示或者图像显示被关闭的浏览器用户，替换文字是用来替代图像而不是提供额外说明文字的，alt 属性只能用在 img、area 和 input 元素中。

（3）运行结果如图 8-4 所示。

图 8-4　链接图片效果

七、menu.html 的第四个链接，建立文本命名为：滚动字幕.html

（1）滚动字幕.html 代码：

```
1    <html>
2      <head>
```

3	<title>IE 滚动字幕</title>
4	</head>
5	<body>
6	<p align="center"><marquee bgcolor="#cc9933" width="600">哈哈哈，看我在移动哦</marquee>
7	</p>
8	<marquee behavior="alternate"><img src="07.jpg" align="middle"/>图像也可以移动
9	</marquee>
10	<p><marquee behavior="alternate" direction="right" scrollamount="15">看我看我,我移动很快哦</marquee></p>
11	</body>
12	</html>

（2）代码分析：

第 6 行：添加了滚动字幕的背景颜色，默认滚动字幕方向为从右向左，且限定滚动字幕区域宽度为 600px；

第 8 行~第 9 行：在<marquee> </marquee>之间嵌入了<img>图像标签，图像也设置了滚动效果；

第 10 行：字幕设置了快速向右滚动，到达另一边后文字反向回滚，所有滚动效果均没有限制滚动次数。

（3）运行结果如图 8-5 所示。

图 8-5　滚动字幕效果

2

第二部分

JavaScript 程序设计基础

- 实验九　选择器的使用
- 实验十　页面布局（一）
- 实验十一　页面布局（二）
- 实验十二　滤镜
- 实验十三　JavaScript 基础
- 实验十四　条件语句和循环语句
- 实验十五　数组
- 实验十六　函数
- 实验十七　JavaScript 事件驱动

实验九　选择器的使用

【学习要点】

- 标签选择器的使用
- 类选择器的使用
- ID 选择器的使用
- 通配符选择器的使用
- 派生选择器的使用

【实验内容】

同学们通过本次实验，能够熟练掌握基本选择器：标签选择器、类选择器、ID 选择器等的使用方法，并能熟练地应用到网页制作中去。

一、标签选择器

一个 HTML 页面由很多不同的标签组成，而 CSS 标签选择器就是声明哪些标签采用哪种 CSS 样式，本质上是对 HTML 元素进行重新定义。其格式如图 9-1 所示。

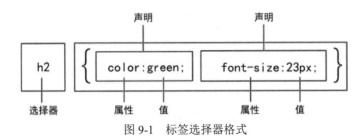

图 9-1　标签选择器格式

（1）9-1.html 代码：

```
1    <html>
2     <head>
3       <title>标签选择器</title>
4       <style type="text/css">
5         h1,h2,h3,p{
6           font-family:"宋体";
7           font-size:2cm;
8           color:#0000FF;
9           }
10        h1 p{
```

```
11              font-family:Arial,Helvetica,sans-serif;
12              font-size:1cm;
13              color:red;
14              }
15          </style>
16      </head>
17      <body>
18          <h1>h1 效果</h1>
19          <h2>h2 效果</h2>
20          <h3>h3 效果</h3>
21          <p>p 效果</p>
22          <h1><p>h1 中 p 效果</p></h1>
23      </body>
24  </html>
```

（2）代码分析：

第 5 行~第 9 行：定义了 4 个标签选择符 h1、h2、h3 和 p，在 HTML 中这 4 个标签的显示效果是相同的，声明了带有 h1、h2、h3 和 p 标签的样式为：字体为宋体，大小为 2cm，颜色为#0000FF；

第 10 行~第 14 行：定义了包含在 h1 中的 p 标签。

（3）运行结果如图 9-2 所示。

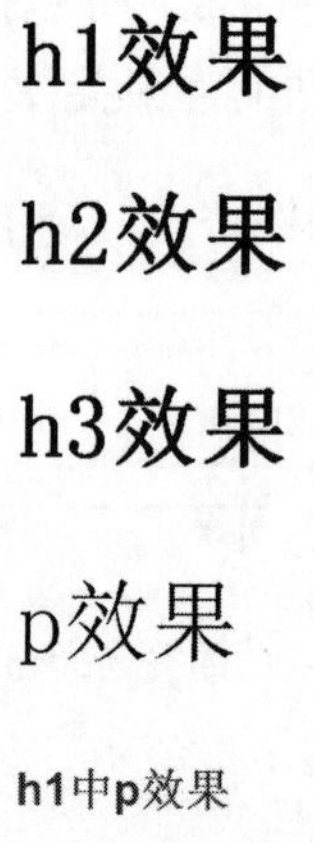

h1效果

h2效果

h3效果

p效果

h1中p效果

图 9-2　标签选择器

二、类选择器

标签选择器一旦声明，那么页面中所有的该标签都会相应地产生变化。上例第 5 行中声明了<h1>等标签均为宋体黑色显示，如果希望其中的某一个<h1>标签不是黑色，而是蓝色，这时仅仅依靠标签选择器是远远不够的，需要引入 class 类选择器。

类选择器能够把相同的元素分类定义成不同的样式，对 HTML 标签均可以使用 class="****"的形式对类别属性进行名称指派，且允许重复使用。与标签选择器不同的是类选择器的名称可以由用户自定义，在定义类选择器时，名称前面需要加一个"."。其格式如图 9-3 所示。

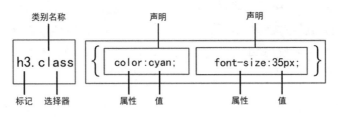

图 9-3　类选择器格式

（1）9-2.html 代码：

```
1    <html>
2     <head>
3      <title>类选择器</title>
4      <style type="text/css">
5      p.p1{
6          font-size:36px;
7          line-height:200%;
8          color:#0033CC;
9          font-family:"宋体";
10          }
11      </style>
12    </head>
13    <body>
14     <p class="p1">在段落之内</p>
15     <span class="p1">在段落之外</span>
16    </body>
17   </html>
```

（2）代码分析：

第 5 行：本代码中定义了一个 CSS 样式是 p.p1，其中 CSS 选择符名称是 p1，p 表示它的作用范围，只有在应用了<p>的标签内部应用该选择符时，才能产生效果，否则即使应用了该样式，仍然不起作用，这就是该实例中会产生两种不同效果的原因；

第 14 行：第 5 行定义的样式效果；

第 15 行：第 5 行定义的样式效果无效。

（3）运行结果如图 9-4 所示。

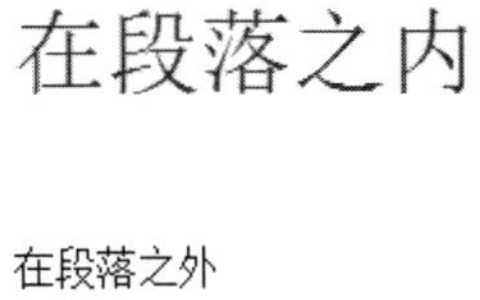

在段落之内

在段落之外

图 9-4　类选择器

三、ID 选择器

ID 选择器的使用方法和类选择器基本相同，不同之处在于 ID 选择器只能在 HTML 页面中使用一次，因此其针对性更强，只用来对单一元素定义单独样式。对于一个网页而言，其中的每一个标签均可以使用 id=" " 的形式对 id 属性进行名称的指派。在定义 ID 选择器时，要在 ID 名称前面加一个"#"号。其格式如图 9-5 所示。

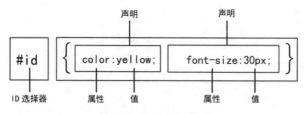

图 9-5   ID 选择器格式

（1）9-3.html 代码：

```
1     <html>
2       <head>
3         <title>ID 选择器</title>
4         <style type="text/css">
5           #red{
6               color:#FF0000;
7               font-size:1cm;
8             }
9           #blue{
10              color:#0000FF;
11              font-size:2cm;
12            }
13        </style>
14      </head>
15      <body>
16        <div id="red">使用样式 red</div>
17        <div id="blue">使用样式 blue</div>
18      </body>
19    </html>
```

（2）代码分析：

第 5 行~第 12 行：该实例中定义了两个 ID 选择器#red、#blue。#red 定义字体颜色为红色，字体大小为 1cm；#blue 定义字体颜色为蓝色，字体大小为 2cm；

第 16 行~第 17 行：ID 选择器调用方式简单如<div id="red">，但是每个 ID 选择符只能调用一次。

（3）运行结果：

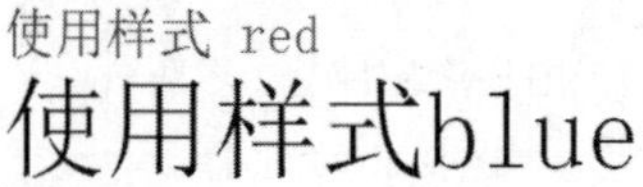

使用样式 red

使用样式blue

图 9-6   ID 选择器

四、派生选择器

通过依据元素在其位置的上下文关系来定义样式，也就是前一对象包含后一对象，对象之间用英文的空格键来隔开。

（1）9-4.html 代码：

```
1    <html>
2     <head>
3       <style>
4         p a{
5             font-size:2cm;
6             color:red;
7           }
8         a{
9             font-size:1cm;
10            color:blue;
11          }
12      </style>
13     </head>
14     <body>
15       <p><a href="#">a 内容</a></p>
16       <a href="#">a 内容</a>
17     </body>
18    </html>
```

（2）代码分析：

使用派生选择器将<p>标签中的<a>标签定义一个字体样式为 2cm，字体为红色，而且使用这个样式时，对网页中其他位置的<a>标签无效。

（3）运行结果如图9-7所示。

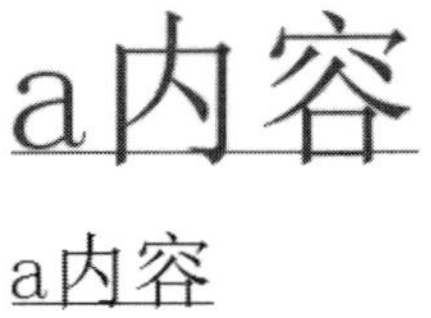

a内容

a内容

图 9-7　派生选择器

五、通配符选择器

通配符选择器就是用一个*号，一般用于对网页中所有标签初始化，从而可以将不同浏览器对同样的 HTML 标签的不同默认样式统一起来。

【课后习题】

1．CSS 指的是（　　）的缩写。

  A．Computer Style Sheets   B．Cascading Style Sheets

　　　　C．Creative Style Sheets　　　　　　　　D．Colorful Style Sheets

2．在 HTML 文档中，应该在下列哪个部分引用外部样式表？（　　）

　　　　A．文档的末尾　　　B．<title>部分　　　C．<body>部分　　　　D．<head>部分

3．在下列属性中，用来定义内联样式的是（　　）。

　　　　A．font　　　　　　B．class　　　　　　C．styles　　　　　　D．style

4．在下列语句中，在 CSS 文件中插入的正确注释语句是（　　）。

　　　　A．//this is a comment　　　　　　　　B．//this is a comment//

　　　　C．/*this is a comment*/　　　　　　　D．'this is a comment

5．在下列语句中，符合 CSS 语法的正确语句是（　　）。

　　　　A．body:color=black　　　　　　　　　B．{body;color:black}

　　　　C．body{color:black;}　　　　　　　　D．{body:color=black}

6．在下列代码中，能够将所有 p 标签内文字加粗的是（　　）。

　　　　A．<p style="text-size:bold">　　　　　B．<p style="font-size:bold">

　　　　C．p{text-size:bold}　　　　　　　　　D．p{font-weight:bold}

7．在下列 CSS 属性中，控制文本尺寸的属性是（　　）。

　　　　A．font-size　　　　B．text-style　　　　C．font-style　　　　D．text-size

8．改正以下代码错误使之显示下图的页面。

染色体

　　　　染色体是细胞核中载有遗传信息（基因）的物质，在显微镜下呈圆柱状或杆状，主要由脱氧核糖核酸和蛋白质组成，在细胞发生有丝分裂时期容易被碱性染料（例如龙胆紫和醋酸洋红）着色，因此而得名。

　　　　在无性繁殖物种中，生物体内所有细胞的染色体数目都一样；而在有性繁殖大部分物种中，生物体的体细胞染色体成对分布，称为二倍体。

　　　　性细胞如精子、卵子等是单倍体，染色体数目只是体细胞的一半。

　　　　哺乳动物雄性个体细胞的性染色体对为XY，雌性则为XX。鸟类和蚕的性染色体与哺乳动物不同：雄性个体的是ZZ，雌性个体为ZW。

代码：

```
<html>
    <head>
    <style type="text/css">
    /* <!--*********Found*********--> */
    #p { font-family: "楷体"; font-size: 18px; text-indent: 2em; }
    </style>
    </head>
    <body>
    <!--*********Found*********-->
    <h2 class="color:green">染色体</h2>
    <hr align="left" width="300" size="1" color="#00FF00"/>
```

<p>染色体是细胞核中载有遗传信息（基因）的物质，在显微镜下呈圆柱状或杆状，主要由脱氧核糖核酸和蛋白质组成，在细胞发生有丝分裂时期容易被碱性染料（例如龙胆紫和醋酸洋红）着色，因此而得名。</p>

<p>在无性繁殖物种中，生物体内所有细胞的染色体数目都一样；而在有性繁殖大部分物种中，生物体的体细胞染色体成对分布，称为二倍体。</p>

<p>性细胞如精子、卵子等是单倍体，染色体数目只是体细胞的一半。</p>

<p>哺乳动物雄性个体细胞的性染色体对为 XY，雌性则为 XX。鸟类和蚕的性染色体与哺乳动物不同：雄性个体的是 ZZ，雌性个体为 ZW。</p>

    </body>

</html>

9. 补充以下代码，使之完整显示下图的页面。

代码：

```
<html>
<head>
    <style type="text/css">
        /* <!--**********Found**********--> */
        h1,p {text-align:____1____;}
        /* <!--**********Found**********--> */
        ____2____ {font-family:"隶书"; font-size:40px;}
        /* <!--**********Found**********--> */
        ____3____ {font-family:"楷体"; font-size:20px;}
    </style>
</head>
<!--**********Found**********-->
<body____4____="4-2.jpg">
<h1>水调歌头</h1>
<p>明月几时有？把酒问青天。</p>
<p>不知天上宫阙，今夕是何年。</p>
<p>我欲乘风归去，又恐琼楼玉宇，高处不胜寒。</p>
<p>起舞弄清影，何似在人间？</p>
<p>转朱阁，低绮户，照无眠。</p>
<p>不应有恨，何事长向别时圆？</p>
<p>人有悲欢离合，月有阴晴圆缺，此事古难全。</p>
<p>但愿人长久，千里共婵娟。</p>
```

```
</body>
</html>
```

10．补充下列代码，如下图选择不同的菜单，使"请选择我的 color 属性的值"显示不同的颜色。

代码：

```
<html>
<body>
<style>
#idDiv{width:80%;height:60px;background-color:buttonshadow;padding:6px;}
</style>
<script>
function rdl_change(e){
var oDiv=document.all("idDiv");
with (document.all("idSel"))
if (selectedIndex!=0) {
    // <!--**********Found*********-->
var sValue=options[___1___].value;
oDiv.style.color=sValue;
}
}
</script>
<!--**********Found*********-->
<div id="___2___">请选择我的<b> color </b>属性的值。</div>
<br>
<!--**********Found*********-->
<select id="___3___"  onchange="rdl_change();">
<option value="none" style="font-weight:bold;">---请选择---
<option value="scrollbar">scrollbar
<option value="#F30">#F30
<option value="rgb(50,250,240)">rgb(50,250,240)
<option value="#AA9933">#AA9933
<option value="saddlebrown">saddlebrown
</select>
</body>
</html>
```

实验十　页面布局（一）

【学习要点】

- CSS 的定义和使用
- CSS 选择器
- \<div\>和\<span\>标签的使用

【实验内容】

本次实验我们以介绍一个产品展示的静态网站为例，介绍页面的布局。

静态图片式的产品展示，是制作网页最基本的形式，通过对该网页的学习和制作，了解页面的制作方法。

静态产品展示以图片清晰为首要目的，而通常图片本身尺寸不一，在嵌入时，可使用相关图片处理软件来处理，如 Photoshop 软件等。

打开一个网站，色彩对人的视觉效果非常明显，一个网站设计成功与否，在某种程度上取决于设计者对色彩的运用和搭配，因为网页设计属于一种平面效果设计，在排除立体图形、动画效果之外，在平面图上，色彩的冲击力是最强的，它很容易给用户留下深刻的印象。因此，在设计网页时，必须要高度重视色彩的搭配。

网站的布局也是必须考虑的，在 CSS 中多采用盒子模型。盒子模型是 CSS 控制页面时一个很重要的概念，只有很好地掌握了盒子模型以及其中每个元素的使用，才能真正地控制页面中各元素的位置。

所有页面中的元素都可以看成是一个盒子，占据着一定的页面空间。一般来说这些被占据的空间往往都是比单纯的内容要大，换句话说，可以通过调整盒子的边框、距离等参数，来调节盒子的位置。

一个盒子模型由 content（内容）、border（边框）、padding（内边距）、margin（外边距）这 4 个部分组成，图 10-1 是 CSS 盒子模型的示意图。

一个盒子的实际宽度（或高度）是由 content+padding+border+margin 组成的。在 CSS 中可以通过设定 width 和 height 的值来控制 content 的大小，并且对于任何一个盒子，都可以分别设定 4 条边各自的 border、padding 和 margin。因此，只要利用好盒子的这些属性，就能够实现各种各样的排版效果。

注意：在浏览器中，width 和 height 的值兼容性很差，具体指代跟 HTML 第一行的声明有关，如果不声明则 IE7 中指的是 content+padding+border 的宽或者高，而 Firefox 中就指的 content 的宽和高。

如果做如下 DTD 声明：

<!DOCTYPE html PUBLIC "-//W3C//DTD XHTML 1.0 Transitional//EN"
"http://www.w3.org/TR/xhtml1/DTD/xhtml1-transitional.dtd">

则指代的都是 content 的宽和高。通常情况下尽量使用上述声明，这样浏览器之间的兼容性会大大提高。

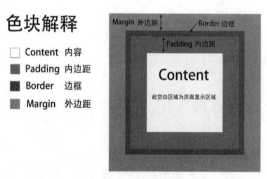

图 10-1　盒子模型

一、创建产品展示静态网站

（1）10-1.html 代码

```
1     <!DOCTYPE html PUBLIC "-//W3C//DTD XHTML 1.0 Transitional//EN"
2     "http://www.w3.org/TR/xhtml1/DTD/xhtml1-transitional.dtd">
3     <html xmlns="http://www.w3.org/1999/xhtml">
4     <head>
5       <meta http-equiv="Content-Type" content="text/html; charset=utf-8" />
6       <title>汽车欣赏</title>
7       <link href="div.css" rel="stylesheet" type="text/css" />
8     </head>
9     <body>
10      <div id="box">
11        <div id="top"><img src="images/4.jpg" width="952" height="350" /></div>
12        <div id="main">
13          <div id="main-left"><img src="images/1.jpg" width="280" height="200" /><br />
14            <span class="font01" style="color:red">悍马</span><br />
15            <p>大多数人对"悍马"的印象，恐怕来自于美军在阿富汗战争、海湾战争期间大量
      使用的军用车 HMMWV。而此番被中国民企收购的，其实是另外一匹"悍马"HUMMER，与军
      品无缘。
16            </p>
17          </div>
18        <div id="main-main"><img src="images/2.jpg" width="280" height="200" /><br />
19          <span class="font01" style="color:red">法拉利</span><br />
20            <p>法拉利（Ferrari）是一家意大利汽车生产商，主要制造一级方程式赛车、赛车及高
      性能跑车。是世界闻名的赛车和运动跑车的生产厂家。法拉利汽车大部分采用手工制造，产量
```

很低，截至 2011 年法拉利共交付 7195 台新车，为法拉利史上最佳销售业绩。公司总部在意大利的马拉内罗（Maranello）。

```
21          </p>
22      </div>
23      <div id="main-right"><img src="images/3.jpg" width="280" height="200" /><br />
24          <span class="font01" style="color:red">兰博基尼 </span><br />
25              <p>兰博基尼：全球顶级跑车制造商及欧洲奢侈品标志之一，公司坐落于意大利圣亚
加塔• 波隆尼（Sant'Agata Bolognese），由费鲁吉欧• 兰博基尼在 1963 年创立。早期由于经营不
善，于 1980 年破产；数次易主后，1998 年归入奥迪旗下，现为大众集团（Volkswagen Group）
旗下品牌之一。
26          </p>
27      </div>
28      </div>
29      <div id="bottom"><br />
30      关于我网<span> | </span>媒体报道<span> | </span>友情链接<span> | </span>联系我们
<span> | </span>招聘信息
31      <br/>
32      </div>
33      </div>
34  </body>
35  </html>
```

（2）代码分析：

在使用 CSS 排版的页面中，块级元素<div>和内联元素<span>是两个常用的标签。利用这两个标签，加上 CSS 对其样式的控制，可以很方便地实现各种效果。

块级元素<div>：简单而言是一个区块容器标签，即<div></div>之间相当于一个容器，可以容纳段落、标题、表格、图片，乃至章节、摘要和备注等各种 HTML 元素。因此，可以把<div></div>中的内容视为一个独立的对象，用于 CSS 的控制。声明时只需要对<div>进行相应的控制，其中的各标签元素就会因此而改变。

内联元素<span>：又叫行内元素，顾名思义，只能放在行内，就像一个单词，不会造成前后换行，起辅助作用。

<div>与<span>的区别在于，<div>是一个块级元素，每个块级元素都是从一个新行开始显示，而且其后的元素也需另起一行进行显示。而<span>仅仅是一个行内元素，在它的前后不会换行。

此外，<span>标签可以包含于<div>标签之中，成为它的子元素，而反过来则不成立，即<span>标签不能包含<div>标签。

在设计网页时，第一步就是先明确整个页面的布局，搭建好框架，然后才是排版和各个细节。

本网页的结构如图 10-2 所示。

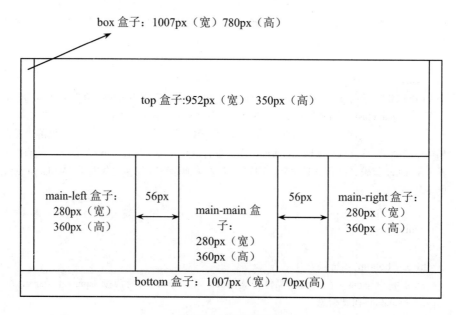

图 10-2　网页结构图

第 10 行~第 33 行：将页面设置成一个大块 box，然后在里面细分小块，每个块都是一个<div>；

第 11 行：top 块；

第 12 行~第 28 行：main 块，其中包含了并列的三个块，分别是 main-left、main-main、和 main-right；

第 13 行~第 17 行：main-left 块；

第 18 行~第 22 行：main-main 块；

第 23 行~第 27 行：main-right 块；

第 29 行~第 32 行：bottom 块；

div.css 代码：

```css
@charset "utf-8";
/* CSS Document */
*{
    margin:0px;/*外边距*/
    border:0px;
    padding:0px;/*内边距*/
}
body{
    font-family:"宋体";/*设置字体*/
    font-size:12px;    /*字体大小*/
    color:#666666;      /*字体颜色*/
    background-color:#0bf0ff;    /*设置背景颜色*/

}
p{
```

text-indent:2em;/*文字缩进，可应用于块级元素（p、h1 等），定义该元素，第 1 行可以接受的缩进数量。其值必须是一个长度或一个百分比，若为百分比，其值则视上级元素的宽度而定。 em 这个单位的意思就是文字的高度，所以我们写的"text-indent:2em;"的意思就是：文本缩进 2 个文字的高度，因为汉字是方块字，高度和宽度是一样的，所以缩进 2 个文字的高度，就等于缩进两个文字的宽度，最后的效果就是缩进了两个文字。*/

```
}
.fnot01 {
    font-size:20px;
    font-family:"微软雅黑";
    font-weight:bolder;    /*字体加粗*/
    height:20px;            /*高度*/
    line-height:35px; /* 设置行间距离,不允许使用负值。*/
    text-align:center;/*设置文本居中*/
    display:block;/*设置块级*/
    text-decoration:underline;/*设置文字下划线*/
    }
#box {
    width:1007px;
    height:780px;
    margin:auto;
}
#top {
    width:952px;
    height:350px;
    margin:auto;
}
#main {
    width:952px;
    height:360px;
    margin:auto;
}
#main-left {
    width:280px;
    height:360px;
    float:left;
    line-height:20px;
    margin:0px 28px 0px 0px;/*设置外边距，顺序是：上、右、下、左。*/
}
#main-main {
    width:280px;
    height:360px;
    float:left;
    line-height:20px;
    margin:0px 28px 0px 28px;
}
#main-right {
```

```
        width:280px;
        height:360px;
        float:left;
        margin:0px 0px 0px 28px;
        line-height:20px;
}
#bottom {
        width:1007;
        height:70px;
        color:#000;
        font-size:20px;
        text-align:center;
        line-height:20px;
        border-top:#093 dashed 1px;
        margin-top:0px;
}
#bottom span{
        margin:0px 32px 0px 32px;
}
```

（3）运行结果如图 10-3 所示。

图 10-3 产品展示静态网站

二、图书销售网页

（1）10-2.html 代码：

```
1    <!DOCTYPE html PUBLIC "-//W3C//DTD XHTML 1.0 Transitional//EN"
2    "http://www.w3.org/TR/xhtml1/DTD/xhtml1-transitional.dtd">
3    <html>
```

```
4    <head>
5      <title>图书销售</title>
6      <style type="text/css">
7    body
8    {padding:0px;
9    margin:0px;
10   font-size:20px;}

11   .pdBox
12   {width:840px;
13   height:520px;
14   margin:20px auto;
15   background-color: #EFEFDA;
16   border:1px solid #A1A1A1;}

17   .pdBox .pdPic
18   {float:left;
19   margin:5px;
20   width:362px;
21   height:520px;
22   text-align:center; }

23   .pdBox .pdInfo
24   {float:right;
25   margin:5px;
26   width:440px;
27   height:520px;}

28   .pdInfo .bookTitle
29   {margin:10px 0;
30   padding:0px;
31   font-size:30px;
32   color:#1A6600;
33   }

34   .pdInfo ul
35   {margin:0px;
36   width:440px;
37   float:right;
38   text-indent:2px;
39   padding:0px;
40   font-family:幼圆
41   font-size:16px;
42   color:red;
43   font-weight:bold;
44   text-align:left;
45   list-style:none;
46   line-height:20px;}
```

```
47    </style>
48    </head>

49    <body>
50      <div class="pdBox">
51        <div class="pdPic">
52          <img src="images/yingxiangli.jpg">
53        </div>
54      <div class="pdInfo">
55        <p class="bookTitle">影响力（教材版）（原书第 5 版）</p><br>
56        <ul>
57          <li>作者：罗伯特，西奥迪尼<br>   （Robert B.Cialdini）</li><br>
58          <li>译者：闫佳</li><br>
59          <li>出版社：中国人民大学出版社</li><br>
60          <li>价格：￥40.80</li><br>
61          <li>卖家：亚马逊<li><br>
62          <li> <font size=2 text-indent=10px>      《影响力(教材版)(原书第 5 版)》内
容简介：案例更新，新增逾两倍的首手案例。
63    更引人入胜的开篇案例，更丰富多样的读者案例，更精彩的作者点评，更鲜活的漫画、插图，
更生动的图文解析，
64    让你在睿智诡谲的氛围中体会无孔不入的影响力。学以致用，更实用的影响力思考练习。每章
章末均设置了内容小结和极具实践意义的思考练习，
65    将帮助你进一步提升对影响力武器的理解。
66    著名营销专家孙路弘特别奉献，全程精读导航。每章都增加了约 2000 字的精读笔记示范与阅读
指引，并配有作业，
67    教你如何站在大师的肩膀上，在文字的海洋中找到一条驶向商业精读之路的通途。</font></li>
68          </ul>
69        </div>
70      </div>
71    </body>
72  </html>
```

（2）运行结果如图 10-4 所示。

图 10-4　图书销售网页

【课后习题】

1. 改变某个元素的文本颜色的 CSS 属性是（　　）。

    A．text-color   B．Fgcolor   C．color   D．backcolor

2. 在下列 CSS 语句中，显示没有下划线的超链接的语句是（　　）。

    A．a{text-decoration:none}   B．a{text-decoration:no underline}

    C．a{underline:none}   D．a{decoration:no underline}

3. 在下列 CSS 语句中，设置活动状态超链接颜色的是（　　）。

    A．a:link{color:#FF0000}   B．a:visited{color:#00FF00}

    C．a:hover{color:#FFCC00}   D．a:active{color:#0000FF}

4. 请把注释行"<!--*******Found******-->"下一行语句中的代码进行修改，实现如下效果。

代码：

```
<html>
<head>
    <style type="text/css">
        * {margin:0; padding:0;}
        /* <!--**********Found*********--> */
        .items {outside:10px; width:250px;}
        /*圆角边框开始*/
        .xtop, .xbottom {display:block;background:transparent;font-size:1px;}
        .xb1, .xb2, .xb3, .xb4 {display:block;overflow:hidden;}
        .xb1, .xb2, .xb3 {height:1px;}
        .xb2, .xb3, .xb4 {border-left:1px solid #77cce7;border-right:1px solid #77cce7;}
        .xb1 {margin:0 5px;background:#77cce7;}
        .xb2 {margin:0 3px;border-width:0 2px;}
        .xb3 {margin:0 2px;}
        .xb4 {height:2px;margin:0 1px;}
        .xboxcon {
            margin:0px;
            display:block;
            border:0 solid #77cce7;
            border-width:0 1px;
            /* <!--**********Found*********--> */
            inside: 10px;
            /* <!--**********Found*********--> */
            align: center;
```

```
            }
            /*圆角边框结束*/
        </style>
    </head>
    <body>
    <div class="items">
        <b class="xtop">
            <b class="xb1"></b>
            <b class="xb2"></b>
            <b class="xb3"></b>
            <b class="xb4"></b>
        </b>
        <div class="xboxcon">
            <h1>如梦令</h1>
            <p>常记溪亭日暮，沉醉不知归路，</p>
            <p>兴尽晚回舟，误入藕花深处。</p>
            <p>争渡，争渡，惊起一滩鸥鹭。</p>
        </div>
        <b class="xbottom">
            <b class="xb4"></b>
            <b class="xb3"></b>
            <b class="xb2"></b>
            <b class="xb1"></b>
        </b>
    </div>
    </body>
    </html>
```

实验十一　页面布局（二）

【学习要点】

- 熟练掌握 CSS 样式引用
- 掌握 CSS 定位方法

【实验内容】

样式表的作用是通过浏览器呈现文件，样式表是定义 CSS 的基础。

CSS 样式是用来描述 HTML 网页外观和布局的。包括字体、背景、文本、列表、位置等。

CSS 样式的三种方式：行内样式、内嵌样式和外联样式。

一、用行内样式表制作一个简单的网页

（1）11-1.html 代码：

```
1    <html>
2      <head>
3        <title>行内样式的使用</title>
4      </head>
5      <body>
6        <p style=color:red;font-size:60px>白日依山尽<br>
7        黄河入海流<br>欲穷千里目<br>更上一层楼<br></p>
8      </body>
9    </html>
```

（2）代码分析：

第 6 行：HTML 的<p>标签中加入 style 属性，style 属性包括属性名、属性值。多个属性之间用分号隔开，此题定义的样式是红色，60 像素的字体。这种方式只对于本标签起作用。

（3）运行结果如图 11-1 所示。

图 11-1　行内样式表的效果

二、用内嵌样式表制作一个简单的网页

（1）11-2.html 代码：

```
1    <html>
2      <head>
3        <title>内嵌样式表的使用</title>
4      </head>
5        <style>
6          p{color:green;
7          font-size:60px;}
8        </style>
9      <body>
10       <p>白日依山尽<br>黄河入海流<br>欲穷千里目<br>更上一层楼<br></p>
11     </body>
12   </html>
```

（2）代码分析：

第 5 行~第 8 行：是一个<style>标签，将样式表嵌入到 HTML 文件的头部，由于样式标签是在 HTML 内部使用，故称为内嵌样式。

（3）运行结果如图 11-2 所示。

图 11-2   内嵌样式表的效果

三、用外联样式表制作一个简单的网页

外联样式表不需要加<style>标签，直接写 css 语法，在 html 网页中引入<link>标签。
<link rel="stylesheet" type="text/css" href="style.css" />

例如：先将样式定义存放于 style.css（样式文件的扩展名为.css），style.css 文件包含内容为：

h1{font-family:"隶书","宋体";
color:green;background-color:red}
p{background-color:pink;color:#000000;font-size:60px}
.text{font-family:"楷体";font-size:30px;color:red}

HTML 文件要引用该样式表，其文件内容如下：

（1）11-3.html 代码：

```
1    <html>
2      <head>
3        <title>外联样式表</title>
4          <link rel="stylesheet type="text/css" href="style.css">
5        </head>
6      <body topmargin=5>
7          <h1>这就是一个连接外部 css 文件的示例！</h1>
8          <p>《登鹳雀楼》</p>
9          <span class="text">白日依山尽，<br>黄河入海流。<br>欲穷千里目，<br>更上一层楼。
10     <br></span>
11     </body>
12   </html>
```

（2）代码分析：

如果多个 HTML 文件要共享样式表（这些页面的显示特性相同或十分接近），就可以将样式表定义为一个独立的文件，使用此样式表的 HTML 文件，只要在头部用<link>标签。

（3）运行结果如图 11-3 所示。

图 11-3　外联样式表的效果

下面，我们再来看看 CSS+DIV 页面布局设计（绝对定位、相对定位等）。

CSS 的定位是通过属性 position 来定义的：

position 有四种取值：

- static：静态定位，　HTML 文件中各元素的先后顺序从上往下占据，position 的默认值是 static。
- absolute：绝对定位，原点在所属块的左上角。
- relative：相对定位，位置是相对 HTML 文件中本元素的前一个元素的位置定位。
- fixed：固定在给定的位置。

四、采用静态定位制作的网页

（1）代码：

1.css 文件代码如下：

```
.a1{
width:300px;
height:200px;
border:1px solid red;
margin-left:350px;
margin-top:250px;
}
```

再建立一个盒子网页代码。

11-4.html 代码：

```
1    <!DOCTYPE html>
2    <PUBLIC "-//W3C//DTD XHTML 1.0 Transitional//EN"
3    "http://www.w3.org/TR/xhtml1/DTD/xhtml1-transitional.dtd">
4    <html>
5      <head>
6        <title>div+css</title>
7        <meta http-equiv="Content-Type" conten="text/html;charset=utf-8"/>
8        <link rel="stylesheet" type="text/css" href="1.css"/>
9      </head>
10     <body>
11       <div class="a1"></div>
12     </body>
13   </html>
```

（2）代码分析：

在网页中拖动页面大小，可以看到盒子位置不动，始终处于距离顶部 250 像素，左侧 350 像素的位置。

HTML 文件中各元素的先后顺序从上往下占据。当在网页中没有说明定位方式时，默认为静态定位。

（3）运行结果如图 11-4（a）和图 11-4（b）所示。

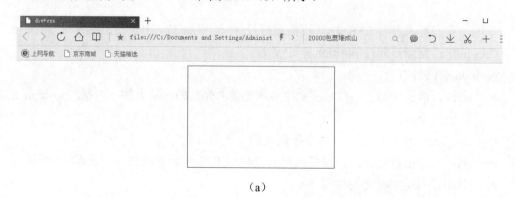

（a）

图 11-4　静态定位的效果

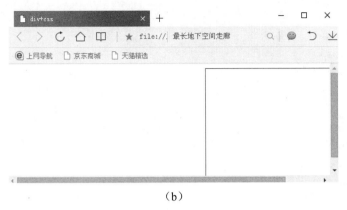

（b）

图 11-4　静态定位的效果（续图）

非静态定位包括绝对定位、相对定位和固定定位。

五、采用绝对定位制作的网页

（1）代码：

2.css 样式文件改为

```
.a1{
width:300px;
height:200px;
border:1px solid red;
position:absolute;          /*绝对定位*/
left:50%;
top:50%;
margin-left:-150px;
margin-top:-100px
}
```

（2）代码分析：

此时我们采用了绝对定位，不论如果调整浏览器的大小，盒子始终处于浏览器的居中状态，这就是绝对定位。

当有父元素的时候，css 样式为：

3.css 代码：

```
1    .a1{
2    width:300px;
3    height:200px;
4    border:1px solid red;
5    position:absolute;
6    left:50%;
7    top:50%;
8    margin-left:-150px;
9    margin-top:-100px;
10   }
```

```
11    .a2{
12    width:500px;
13    height:300px;
14    border:1px solid gray;
15    }
16    .a3{
17    width:500px;
18    height:50px;
19    border:1px solid gray;
20    background:pink;
21    }
```

HTML 网页代码:

11-5.html 代码:

```
1     <!DOCTYPE html>
2     <PUBLIC "-//W3C//DTD XHTML 1.0 Transitional//EN"
3     "http://www.w3.org/TR/xhtml1/DTD/xhtml1-transitional.dtd">
4     <html>
5       <head>
6         <title>div+css</title>
7         <meta http-equiv="Content-Type" conten="text/html;charset=utf-8"/>
8         <link rel="stylesheet" type="text/css" href="3.css"/>
9       </head>
10      <body>
11        <div class="a3"></div>
12        <div class="a2"><div class="a1"></div></div>
13      </body>
14    </html>
```

(3) 运行结果:

可以看到浏览器显示为图 11-5(a),调整浏览器大小为图 11-5(b),子元素始终处于浏览器居中状态,没有按父元素原点定位。

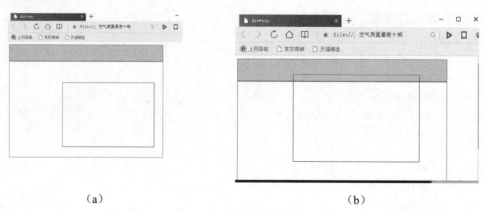

(a)   (b)

图 11-5   有父元素的效果

如果要实现按父原点定位，上例 HTML 网页不变，把样式表改为：

①

```
1    .a1{
2    width:300px;
3    height:200px;
4    border:1px solid red;
5    position:absolute;
6    left:100px;
7    top:100px
8    }
9    .a2{
10   width:500px;
11   height:300px;
12   border:1px solid gray;
13   position:absolute;
14   }
15   .a3{
16   width:500px;
17   height:50px;
18   border:1px solid gray;
19   background:pink;
20   }
```

运行结果如图 11-6 所示。

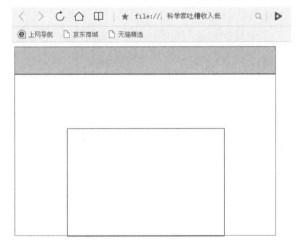

图 11-6　运行效果

②

```
1    .a1{
2    width:300px;
3    height:200px;
```

4   border:1px solid red;

5   position:absolute;

6   left:100px;

7   top:0px;

8   }

9   .a2{

10   width:500px;

11   height:300px;

12   border:1px solid gray;

13   position:relative;

14   }

15   .a3{

16   width:500px;

17   height:50px;

18   border:1px solid gray;

19   background:pink;

20   }

运行结果如图 11-7 所示。

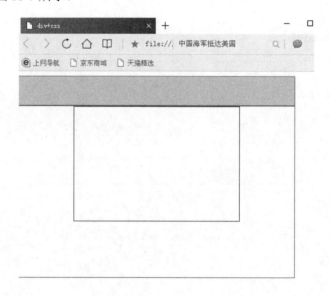

图 11-7   运行效果

现在红色的框是相对于父元素定位的，因为它的元素是非静态定位。

如果把子元素改为静态定位：

1   .a1{

2   width:300px;

3   height:200px;

4   border:1px solid red;

5   position:static;

```
6      }
7      .a2{
8          width:500px;
9          height:300px;
10         border:1px solid gray;
11         position:relative;
12     }
13     .a3{
14         width:500px;
15         height:50px;
16         border:1px solid gray;
17         background:pink;
```

运行结果如图 11-8 所示。

图 11-8   运行效果

总结：

● 相对定位

是相对于它原来的坐标重新定义，不管它有没有父元素，一旦采用静态定位 left、top 属性不生效。

● 绝对定位

默认情况下是相对于 body 坐标原点进行定位的，如果它有父元素且不为 body，并且父元素采用的是非静态定位，那么它就相对于父元素的坐标原点进行重新定位，如果它的父元素没有采用非静态定位，那么它就相对于 body 坐标原点重新定位。

不管它的父元素是相对、绝对、固定定位，只要它采用固定定位，它永远都相对于 body 原点定位。

● 非静态定位（相对定位、绝对定位）

如果这个元素是采用非静态定位，它的父元素也要采用非静态定位，那么它相对于它的父元素重新定位。

它的父元素没有采用非静态定位，它相对于 body 原点重新定位，如果父元素是非静态定位，那么它的子元素定位就是相对于它的父元素重新定位。

● 脱离文档流

绝对定位、相对定位、固定定位都是脱离文档流。

【课后习题】

1．CSS 文件的扩展名是_____。

2．CSS 中可以用_____属性来控制边框的宽度；_____属性来控制边框的颜色；_____属性来控制边框的样式。

3．利用样式表的_____属性，可以精确的设定对象的位置，还能将各对象进行层叠处理，它的参数值有_____和_____两种。

4．内部样式表是通过_____标签把样式表的内容直接定义在 HTML 文件的<head>标签中。

5．CSS 的特性有_____、_____。

6．CSS 样式表的基本语法包括_____、_____、_____。

7．_____标签可用来定义网页上的一个特定区域，在改区域范围内可包含文字、图形、表格和窗体等。

8．外部样式表文件中，不能含有任何如同_____或_____这样的 HTML 标签。

9．行高 line-height 属性的基本语法是_____。

10．用静态定位制作如下网页。

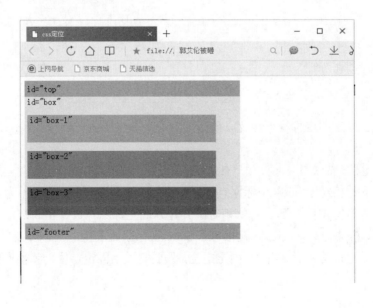

11．利用相对、绝对定位制作如下网页：

实验十二　滤镜

【学习要点】

掌握 CSS 滤镜的使用方法

【实验内容】

CSS 滤镜并不是浏览器的插件，也不符合 CSS 标准，它是微软公司为了增强浏览器的功能而特意开发整合在 IE 浏览器中的一类功能的集合。

CSS 滤镜的标识符是 filter。

一、alpha 滤镜——设置透明层次

（1）12-1.html 代码：

```
1   <html>
2    <head>
3     <title>使用 Alpha 的效果</title>
4     <style>
5        body{background-color:yellow;
6             margin:20px;}
7        img{border:1px solide #ffggff;
8             }
9        .alpha{filter:alpha(opacity=50);}
10    </style>
11   </head>
12   <body>
13    <img src="1.jpg" border="0">  
14    <img src="1.jpg" border="0" class="alpha">
15   </body>
16  </html>
```

（2）代码分析：

第 9 行：opacity=50 代表透明度的值，默认的范围是从 0~100，0 代表完全透明，100 代表完全不透明；

第 13 行：图片原样显示；

第 14 行：图片设置了 alpha 的效果，这种透明效果是通过把一个目标元素和背景混合实现的。

（3）运行结果如图 12-1 所示。

图 12-1　alpha 效果

二、blur 滤镜——模糊效果

（1）12-2.html 代码：

```
1    <html>
2      <head>
3        <title>使用 blur 的效果</title>
4        <style>
5          body{background-color:yellow;
6          margin:20px;}
7          img{border:1px solide #ffggff;
8              }
9          .blur{color:blue;
10             filter:blur(pixelradius=14,makeshadow=false);}
11       </style>
12     </head>
13   <body>
14       <img src="1.jpg" border="0">  
15       <img src="1.jpg" border="0" class="blur">
16   </body>
17   </html>
```

（2）代码分析：

第 9 行~第 10 行：定义模糊效果，blur 模糊像 Photoshop 的高斯模糊，它能实现不用 Photoshop 也能实现模糊的效果，使画面效果十分唯美，makeshadow 设置对象的内容是否被处理为阴影，makeshadow=false 意为将产生阴影的效果，pixelradius 参数是设置模糊效果的作用深度；

第 14 行：图片原样显示；

第 15 行：图片设置了 blur 的效果。

（3）运行结果如图 12-2 所示。

图 12-2　blur 效果

三、chroma 滤镜——特定颜色的透明

（1）12-3.html 代码：

```
1    <html>
2      <head>
3        <title>使用 blur 的效果</title>
4      <style>
5        body{background-color:yellow;
6        margin:20px;}
7        img{border:1px solide #ffggff;
8          }
9        .chroma{color:blue;
10       filter:chroma(color="#484EFF");}
11     </style>
12    </head>
13    <body>
14      <img src="tiger.gif" border="0">  
15      <img src="tiger.gif" border="0" class="chroma">
16    </body>
17   </html>
```

（2）代码分析：

第 9 行~第 10 行：color="#484EFF"被指定的颜色设置为透明效果，本题为蓝色透明，同学们可以试一下：设置成 color="#FF8000"的效果。

（3）运行结果如图 12-3 所示。

图 12-3 chroma 效果

四、flip 滤镜——翻转

（1）12-4.html 代码：

```
1    <html>
2      <head>
3        <title>翻转变换的效果</title>
4        <style>
5        body{
6            background-color:yellow;
7            margin:20px;}
8            img{border:1px solide #ffggff;
9            }
10        .one{filter:fliph;}
11        .two{filter:flipv;}
12        .three{filter:fliph flipv}
13        </style>
14      </head>
15      <body>
16        <img src="2.jpg" >
17        <img src="2.jpg" class="one"><br>
18        <img src="2.jpg" class="two">
19        <img src="2.jpg" class="three">
20      </body>
21    </html>
```

（2）代码分析：

第 10 行：fliph 设置了对象的水平翻转；

第 11 行：flipv 设置了对象的垂直翻转；

第 12 行：同时设置了水平和垂直两个属性；

第 16 行：图片原样显示；

第 17 行：图片水平翻转；

第 18 行：图片垂直翻转；

第 19 行：图片水平、垂直翻转。

（3）运行结果如图 12-4 所示。

图 12-4　flip 效果

五、mask 滤镜——遮罩

（1）12-5.html 代码：

```
1    <html>
2      <head>
3        <title>遮罩效果</title>
4        <style>
5          .mask{position:absolute;top:50px;
6             filter:mask(color=#0000ff)
7          }
8        </style>
9      </head>
10     <body>
11       <div>
12          <p style="font-family:华文行楷;font-size:15px;font-weight:bold;color:#003366;">没有使用
      遮罩的效果</p>
13       </div>
14       <div  class="mask"><p  style="font-family: 华 文 行 楷 ;font-size:15px;font-weight:bold;color:#
      003366;">使用了遮罩的效果</p>
15       </div>
16     </body>
17   </html>
```

（2）代码分析：

第 5 行~第 6 行：滤镜设置对象的屏幕效果，就好像印章一样印出模型的模样。

（3）运行结果如图 12-5 所示。

图 12-5　mask 效果

六、wave 滤镜——波纹

（1）12-6.html 代码：

```
1    <html>
2      <head>
3        <title>波纹的效果</title>
4        <style>
5          body{
6            margin:12px;
7            background:yellow;
8            }
9          .three{
10             filter:flipv alpha(opacity=50) wave (add=0,freq=15,lightstrength=30,phase=0,strength=4);
11            }
12       </style>
13     </head>
14     <body>
15       <img src="2.jpg"><br>
16       <img src="2.jpg" class="three">
17     </body>
18   </html>
```

（2）代码分析：

第 9 行~第 11 行：设置了三种滤镜效果，flipv 垂直翻转，alpha 透明效果和 wave 波纹效果；

第 15 行：没有采用任何效果；

第 16 行：采用既翻转又有透明，还有波浪效果。

波纹滤镜格式：

filter: wave（add=true（false），freq=频率，lightstrength=增强光效，phase=偏移量，strength=强度）

其中：add：表示是否要把对象按照波形样式打乱；

freq：是波纹的频率，也就是指定在对象上一共需要产生多少个完整的波纹；

lightstrength：可以对于波纹增强光影的效果；范围是 0~100；

phase：用来设置正弦波的偏移量；

strength：代表振幅大小。

（3）运行结果如图 12-6 所示。

图 12-6　wave 效果

七、shadow 滤镜——渐变阴影

（1）12-7.html 代码：

```
1    <html>
2      <head>
3        <title>阴影效果</title>
4        <style>
5          h1{color:#FF6600;
6            width:600;
7            position:absolute;
8            left:100;
9            top:50;
10           filter:shadow(color=red,offx=15,offy=22,positive=false);}
11       </style>
12     </head>
13     <body>
14       <h1>阴影效果文字<h1>
15     </body>
16   </html>
```

（2）代码分析：

第 10 行：设置了阴影效果，offx 和 offy 两个参数分别设置了向 x 轴和 y 轴两个方向的偏移量。

（3）运行结果如图 12-7 所示。

图 12-7　shadow 效果

【课后习题】

请用翻转滤镜实现下图，具体要求如下：

第一张为原图，第二张为水平翻转，第三张为垂直翻转。

实验十三　JavaScript 基础

【学习要点】

- 掌握 JavaScript 程序编写的基本语法
- 掌握如何在页面中嵌入 JavaScript 代码
- HTML 页面与 JavaScript 脚本关联使用

【实验内容】

JavaScript 是一种嵌入在 HTML 文件中的脚本语言，它是基于对象和事件驱动的，能对诸如鼠标单击、表单输入、页面浏览等用户事件做出反应并进行处理。我们可以使用任何文本编辑器来编辑 JavaScript 程序，比如：记事本、NotePad 等。需要将 JavaScript 程序嵌入 HTML 文件，程序的调试在浏览器中进行。

在 HTML 文件中使用<script>、</script>标识加入 JavaScript 语句，这样 HTML 语句和 JavaScript 语句位于同一个文件中。其格式为：<script language="JavaScript">，其中，language 属性指明脚本语言的类型，JavaScript 的 language 的默认值为 JavaScript，<script>标签可插入在 HTML 文件的任何位置。

将 JavaScript 程序以扩展名".js"单独存放，再利用以下格式的 script 标签嵌入 HTML 文件：<script src=JavaScript 文件名>。

一、输出："HELLO JavaScript!"

（1）13-1.html 代码：

```
1    <html>
2      <head>
3        <title>JavaScript 实例一</title>
4      </head>
5      <body>
6        <script language="JavaScript">
7         alert("HELLO JavaScript!");
8        </script>
9      </body>
10   </html>
```

（2）代码分析：

第 6 行：使用了<script>和</script>标签嵌入了一个 JavaScript 语句 alert( )，其作用是 JavaScript 浏览器对象 window 的预定义方法，功能是弹出一个具有"确定"按钮的对话框。此对话框中所显示的内容为其参数所给的字符串。

（3）运行结果如图 13-1 所示。

图 13-1　运行效果

二、任意输入两个数，求两个数的和

（1）13-2.html 代码：

```
1    <html>
2      <body>
3        <script language="javascript">
4            var a,b,sum=0;
5            a=prompt("第一数","a");
6            b=prompt("第二个数","b");
7            sum=parseInt(a)+parseInt(b);
8            document.write("sum=",sum);
9        </script>
10     </body>
11   </html>
```

（2）代码分析：

第 5 行：prompt()方法用于显示可提示用户进行输入的对话框；

第 7 行：parseInt()函数可解析一个字符串，并返回一个整数。

（3）运行结果如图 13-2 所示。

图 13-2　运行效果

三、在网页中输出长春工业大学 http://www.ccut.edu.cn

（1）13-3.html 代码：

注：输出 html 标签，只须将标签写入双引号中。

```
1    <html>
2      <body>
```

```
3        <script>
4          document.write("<p 'style=border:1px; solid black;width:300px;height:90px; line-height:90px;
background:#abcdef;text-align:center;'>长春工业大学  http://www.ccut.edu.cn</p>");
5        </script>
6      </body>
7    </html>
```

（2）代码分析：

第 4 行：在输出里嵌套了样式，需要说明的是，这种格式使用，很多浏览器不支持。

（3）运行结果如图 13-3、图 13-4 所示。

图 13-3   搜狗浏览器运行效果

长春工业大学 http://www.ccut.edu.cn

图 13-4   IE 浏览器运行效果

【课后习题】

1．在 JavaScript 中，不合法的标识符是（   ）。

    A．a*b   B．small

    C．score   D．average_grade

2．在 HTML 页面中，能够插入 JavaScript 的部分是（   ）。

    A．<body>   B．<head>

    C．<body>和<head>   D．<title>

3．在 JavaScript 中，下列的函数能够把 6.25 四舍五入为最接近的整数的是（   ）。

    A．round(6.25)   B．md(6.25)

    C．Math.rnd(6.25)   D．Math.round(6.25)

4．我们可以在下列哪个 HTML 元素中放置 JavaScript 代码？（   ）

    A．<script>   B．<javascript>

    C．<js>   D．<scriptin>

5．以下程序段的输出结果：

```
var str ;
alert(typeof str);
```

    A．string ;   B．undefined;   C．object ;   D．String;

6. 下列哪个不是 JavaScript 中注释的正确写法？（　　）

    A. <!-- ...... -->   B. //......

    C. /*......*/   D. 以上写法均错误

7. 以下哪项不属于 JavaScript 的特征？（　　）

    A. JavaScript 是一种脚本语言

    B. JavaScript 是事件驱动的

    C. JavaScript 代码需要编译以后才能执行

    D. JavaScript 是独立于平台的

实验十四　条件语句和循环语句

【学习要点】

- 熟练掌握条件语句
- 熟练掌握多分支语句
- 熟练掌握循环语句
- 熟练掌握关系运算符、逻辑运算符的使用

【实验内容】

与其他程序设计语言一样，JavaScript 也具有各种条件语句来进行流程上的判断。循环语句的作用是反复地执行同一段代码。

一、if 语句

输入任意两个整数，判断大小。

（1）14-1.html 代码：

```
1    <html>
2      <script language="javascript">
3      var a,b;
4         a=prompt("第一个数",a);
5         b=prompt("第二个数",b);
6         if(parseInt(a)>parseInt(b))
7            document.write("a>b");
8         else
9            document.write("a<=b");
10    </script>
11   </html>
```

（2）代码分析：

if 语句是一种条件结构，它可以根据表达式的逻辑值改变程序的执行顺序，如果判断的值为真，则执行该条件下的程序块，如果为假，则跳过该程序段，执行另外的语句或程序段。

二、while 循环

计算 10！

（1）14-2.html 代码：

```
1    <html>
2      <script>
```

```
3        var i,f;
4         f=1;
5         i=1;
6         while(i<=10)
7           {f*=i;
8            i++;}
9         document.write("10！=",f);
10     </script>
11    </html>
```

（2）代码分析：

while 是一种循环语句，如果循环条件为真执行循环体，否则不执行。

第 6 行：只有 i 小于等于 10 时才执行循环体，当 i 大于 10 时不执行循环体；

第 7 行~第 8 行：由{}括起来的是循环体。

（3）运行结果如图 14-1 所示。

图 14-1　while 循环的使用

三、do…while 循环

计算 1+2+3+….+n，直到和大于 100，输出 n 的值。

（1）14-3.html 代码：

```
1     <html>
2      <head>
3       <title>do...while 语句的使用</title>
4      </head>
5      <body>
6       <script>
7         var n=0;
8         var sum=0;
9          do
10          {n++;
11           sum+=n;
12          }while(sum<=100)
13         document.write("满足总合小于 100 时 n="+n+"<br>");
14      </script>
15     </body>
16    </html>
```

（2）代码分析：

第 9 行：执行循环体，循环体做 n+1 和 sum+n 的运算；

第 12 行：判断循环条件，如果为真，继续执行循环体，如果为假结束循环；

第 13 行：输出结果。

while 与 do…while 循环，都是用于循环结构的，但二者的区别是：while 语句必须满足条件才执行该程序段，而 do…while 不管条件是否满足 while 后面的条件，都至少会执行一次。

（3）运行结果如图 14-2 所示。

图 14-2　do…while 的使用

四、百钱百鸡

百钱买百鸡，鸡翁一值钱五，鸡母一值钱三，鸡雏三值钱一，问鸡翁、鸡母、鸡雏各几只？

（1）14-4.html 代码：

```
1    <html>
2     <body>
3      <script>
4       var cocks,hens,chicks;
5         cocks=0;
6         while(cocks<=19)
7          {
8            hens=0;
9            while(hens<=33)
10            {
11              chicks=100-hens-cocks;
12              if(5*cocks+3*hens+chicks/3==100)
13              {
14                document.write("cocks="+cocks+"        ");
15                document.write("hens="+hens+"        ");
16                document.write("chicks="+chicks+"<br>");
17              }
18              hens+=1;
19            }
20            cocks+=1;
21          }
22       </script>
23     </body>
24    </html>
```

（2）代码分析：

第 4 行：定义了三个变量 cocks、hens、chicks；

第 12 行：计算 5*cocks+3*hens+chicks/3，如果为 100 则此表达式为真，执行 13 行到 17 行，即输出鸡翁、鸡母、鸡雏的数量，如果结果不为 100，则此表达式为假，跳过 13~17 行，执行第 18 行语句。

（3）运行结果如图 14-3 所示。

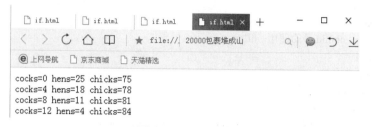

图 14-3　百钱百鸡

五、for 循环

计算 5!

（1）14-5.html 代码：

```
1    <html>
2      <body>
3        <script>
4        var i,f;
5          f=1;
6          for(i=1;i<=5;i++)
7            f*=i;
8          document.write("5!=",f);
9        </script>
10     </body>
11   </html>
```

（2）代码分析：

for 循环的语法是 for(初始化值;条件;求新值){}。语句后面的条件一个不能省略，三者之间用分号隔开，只有当条件为真时才执行后面的语句部分，否则不执行。

第 6 行：当 i 小于等于 5 时执行第 7 行语句，否则执行第 8 行语句。

（3）运行结果如图 14-4 所示。

图 14-4　for 的使用

六、continue 的使用

计算数组中大于等于 1000 的数的和。

（1）14-6.html 代码：

```
1    <html>
2      <head>
3        <title>contiune 的使用</title>
4      </head>
5      <body>
6       <script>
7         var total=0，i;
8         var sum=new Array(1000,1200,100,600,736,1102,1241);
9         for(i=0;i<sum.length;i++)
10         {
11            if(sum[i]<1000)     continue;        //不计算小于 1000 的数
12              total+=sum[i];
13         }
14         document.write("累加和为： "+total);
15       </script>
16      </body>
17    </html>
```

（2）代码分析：

第 8 行：定义了一个数组 sum，关于数组的使用，我们将在下一个实验详细介绍；

第 11 行：continue 语句强制本轮循环结束，进入下一轮循环，即转到第 9 行的 i++。

（3）运行结果：

累加和为：4543

七、break 的使用

（1）14-7.html 代码：

```
1    <html>
2      <head>
3        <title>break 的使用</title>
4      </head>
5      <body>
6       <script>
7         var sum=0;
8         for(i=0;i<100;i++)
9          {
10            sum+=i;
11            if(sum>10) break;
12          }
13         document.write("0 至"+i+"(包括"+i+")之间的自然数的累计和为： "+sum);
```

```
14      </script>
15     </body>
16    </html>
```

（2）代码分析：

第 11 行：break 语句是强制结束循环，不再循环，当 sum 大于 10 的时候结束 for 循环，跳转到第 13 行。

break 语句和 continue 语句的区别是：continue 语句只结束本轮循环，不再执行下面的语句，进入下一轮循环，而 break 语句是结束循环，不再执行循环体了。

（3）运行结果如图 14-5 所示。

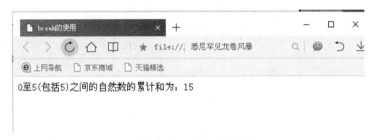

图 14-5　break 的使用

八、switch 语句的使用

（1）14-8.html 代码：

```
1    <html>
2     <head>
3      <title>switch 语句的使用</title>
4     </head>
5     <body>
6      <script>
7       function rec(form){
8        var a=form.recshortth.value;
9        switch(a){
10        case '90':{
11           document.write("优秀");break;
12         }
13        case '80':{
14           document.write("良好");break;
15         }
16        case '70':{
17           document.write("中等");break;
18         }
19        case '60':{
20           document.write("及格");break;
21         }
22        }
```

```
23            }
24        </script>
25        <form action=" ">
26          <input type="text" name="recshortth">   
27          <input name="button" type="button" onclick="rec(this.form)" value="确定">
28        </form>
29      </body>
30    </html>
```

（2）代码分析：

switch 语句是一种分支选择的结构语句，它可以在多条语句中进行判断，符合条件就执行条件后面的语句，否则，程序会继续往下执行；

第 9 行~第 22 行：a 的值如果是 90，就执行第 10、11 行语句，如果是 60 就执行第 19、20 行语句。

（3）运行结果如图 14-6 所示。

图 14-6   switch 语句的使用

【课后习题】

1．在编程语言中，程序的结构有_____、_____和_____。

2．_____语句是一种分支选择的结构语句，它可以在多条语句中进行判断，符合条件就执行条件后面的语句，否则，程序会继续往下执行。

3．JavaScript 的 4 种数据类型是_____、_____、_____、_____。

4．JavaScript 语句中的比较运算符包括_____、_____、_____、_____。

5．JavaScript 的运算符有_____、_____、_____。

6．JavaScript 的逻辑运算符有_____、_____、_____。

7．利用 JavaScript 编写一个小程序，打印出下面的图形：

实验十五 数组

【学习要点】

- 掌握一维数组的使用
- 掌握二维数组的使用
- 领会数组编写代码的方便性和实用性

【实验内容】

一、插入元素

（1）15-1.html 代码：

```
1    <html>
2      <head>
3        <title>插入元素</title>
4      </head>
5      <script>
6        function test()
7          {
8           var array=new Array(1,2,5,6,3,4);
9           var array2=new Array();
10          var Add=document.getElementById("add").value;
11          var insert=document.getElementById("aa").value;
12          if(insert>array.length)
13            {
14               alert("插入位置超过数组长度,插入失败！");
15            }
16        else
17          {
18          for(var i=0,j=0;j<array.length+1;j++)
19            {
20             if(j==insert)
21              {
22              array2[j]=Add;
23              }
24             else
25              {
26                array2[j]=array[i];
27                i++;
```

```
28                    }
29                  }
30              alert(array2);
31            }
32          }
33      </script>
34      <body>
35      数组元素：1，2，5，6，3，4<br>
36      插入数组元素：<input id="add" value="">插入位置：<input id="aa" value=""></>/<button
        id="target" onclick="test()">插入</button>
37      </body>
38  </html>
```

（2）代码分析：

第 8 行：使用关键字 Array 来声明数组，数组名为 array，同时还指定了这个数组元素的个数为 6 个；

第 10 行：getElementById()方法可返回对拥有指定 ID 的第一个对象的引用。

（3）运行结果如图 15-1 所示。

图 15-1　插入元素

二、顺序查找

（1）15-2.html 代码：

```
1   <html>
2     <head>
3       <title>顺序查找元素</title>
4     </head>
5     <script>
6       function test()
7       {
8         var array=new Array(1,2,5,6,3,4);
9         var a=0;
10        var indexId=document.getElementById("aa").value;
11        for(var i=0;i<array.length;i++)
12        {
13            if(indexId==array[i])
```

```
14                {
15                  alert("元素位置为： "+(i+1));
16                  a++;
17                }
18            }
19          if(a==0)
20            {
21              alert("没有此元素！");
22            }
23        }
24    </script>
25    <body>
26        数组元素： 1，2，5，6，3，4<br>
27        所查元素： <input id="aa" value=""></><button id="target" onclick="test()">查找</button>
28    </body>
29  </html>
```

（2）代码分析：

第 9 行：设置了一个标记变量 a，初始化为 0，假设未查找到输入的数据；

第 13 行：如果在数组中查找到输入的数据，标记变量 a 值为 1；

第 19 行：判断 a 变量的值，如果仍为 0，表示没有查找到此数据。

（3）运行结果如图 15-2 所示。

图 15-2　顺序查找

三、比较交换法排序

（1）15-3.html 代码：

```
1   <html>
2     <head>
3       <title>比较交换法排序</title>
4     </head>
5     <script>
6       function test()
7         {
8           var array=new Array(1,2,5,6,3,4);
```

```
9              for(var i=0;i<array.length;i++)
10               {
11                 for(var j=i+1;j<array.length;j++)
12                  {
13                    var temp="";
14                    if(array[i]>array[j])
15                     {
16                      temp=array[i];
17                      array[i]=array[j];
18                      array[j]=temp;
19                     }
20                  }
21               }
22             alert(array);
23            }
24     </script>
25     <body>
26        原数组为：1,2,5,6,3,4<br>
27        比较交换法排序：<button id="target" onclick="test()">排序</button>
28     </body>
29   </html>
```

（2）代码分析：

第 14 行：条件给出的是升序排列，如果降序，用"<"。

（3）运行结果如图 15-3 所示。

图 15-3　比较交换法排序

四、折半查找

折半查找针对已排序的数组。

（1）15-4.html 代码：

```
1    <html>
2      <head>
3        <title>折半法查找元素</title>
4      </head>
```

```
5      <script>
6          function test()
7          {
8            var array=new Array(12,21,55,62,63,74,88);
9            varindexId=document.getElementById("aa").value;
10           var i=0,b=array.length-1;
11           for(;i<=b;)
12           {
13             t=(i+b)/2;
14             if(indexId==array[t])
15             {
16                 alert("此元素位置为:"+(t+1));
17                 break;
18             }
19           else if(indexId>array[t])
20             {
21               i=t+1;
22             }
23             else if(indexId<array[t]
24             {
25                 b=t-1;
26             }
27           if(i>b)
28           {
29                 alert("无此元素！");
30           }
31           }
32         }
33      </script>
34      <body>
35         数组元素：12，21，55，62，63，74，88<br>
36         所查元素：<input id="aa" value=""></input><button id="target" onclick="test()">查找</button>
37      </body>
38   </html>
```

（2）代码分析：

折半查找又称二分查找，优点是比较次数少，查找速度快，平均性能好；其缺点是要求待查表为有序表，且插入删除困难。因此，折半查找方法适用于不经常变动而查找频繁的有序列表。首先，假设表中元素是按升序排列，将表中间位置记录的关键字（本例为array[t]）与查找关键字（本例为 indexId）比较，如果两者相等，则查找成功；否则利用中间位置记录将表分成前、后两个子表，如果中间位置记录的关键字大于查找关键字，则进一步查找前一子表，否则进一步查找后一子表。重复以上过程，直到找到满足条件的记录，即查找成功，或直到子表不存在为止，此时查找不成功。

（3）运行结果如图 15-4 所示。

数组元素：12，21，55，62，63，74，88
所查元素：63   查找

图 15-4　折半查找

五、查找二维数组中的最大值

（1）15-5.html 代码：

```
1    <html>
2      <head>
3        <title>查找二维数组中的最大值</title>
4      </head>
5      <script>
6       function test()
7        {
8          var array=[["1","2","5","6","3"],["3","4","2","5","1"],["2","4","5","3","1"]];
9          var max=array[0][0];
10         for(var i=0;i<3;i++)
11          {
12           for(var j=0;j<5;j++)
13            {
14             if(max<array[i][j])
15              {
16               max=array[i][j];
17              }
18            }
19          }
20          alert("最大值为："+max);
21        }
22     </script>
23     <body>
24       原数组：<br>1，2，5，6，3<br>3，4，2，5，1<br>2，4，5，3，1<br>
25       <button id="target" onclick="test()">查找最大值</button>
26     </body>
27   </html>
```

（2）代码分析：

第 8 行：定义了一个 3 行 5 列的二维数组 array。

（3）运行结果如图 15-5 所示。

图 15-5　查找二维数组中的最大值

六、转置矩阵

（1）15-6.html 代码：

```
1    <html>
2      <head>
3        <title>转置二维数组</title>
4      </head>
5      <script>
6        function test()
7        {
8          var array=[["1","2","5","6","3"],["3","4","2","5","1"],["2","4","5","3","1"]];
9          var inner="";
10         for(var i=0;i<5;i++)
11         {
12           var array3=new Array();
13           for(var j=0;j<3;j++)
14           {
15             array3.push(array[j][i]);
16           }
17           inner=inner+array3+"<br/>";
18         }
19         document.getElementById("result").innerHTML=inner;
20       }
21     </script>
22     <body>
23         原数组：<br>1，2，5，6，3<br>3，4，2，5，1<br>2，4，5，3，1<br>
```

```
24        <button id="target" onclick="test()">转置</button>
25        <br>
26        <div id="result"></div>
27      </body>
28    </html>
```

（2）代码分析：

第 15 行：push()方法可向数组的末尾添加一个或多个元素，并返回新的长度；

第 19 行：getElementById()方法查找具有指定的唯一 ID 的元素，innerHTML 属性，几乎所有的元素都有 innerHTML 属性，它是一个字符串，用来设置或获取位于对象起始和结束标签内的 HTML。

（3）运行结果如图 15-6 所示。

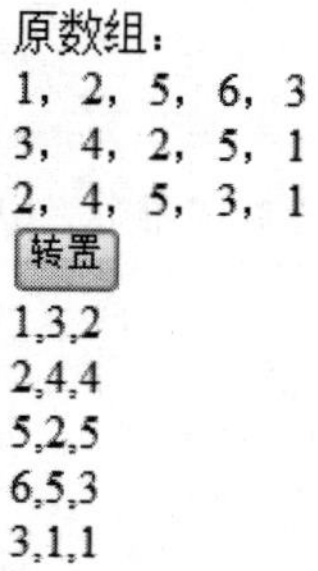

原数组：
1，2，5，6，3
3，4，2，5，1
2，4，5，3，1
转置
1,3,2
2,4,4
5,2,5
6,5,3
3,1,1

图 15-6　转置矩阵

【课后习题】

1．var a=new Array(new Array(9,0,3,6,5), new Array(2,9,0,6))；则 a[0][3]=（   ）。

　　A．3　　　　　　　B．6　　　　　　　C．5　　　　　　　D．0

2．以下代码，运行结果是（   ）。

```
var str='123abc';
str+=str.replace('abc' , '');
alert(str);
```

　　A．123abc123　　　　　　　　　　B．123abc

　　C．123　　　　　　　　　　　　　D．abc

3．以下代码正确的运行结果是（   ）。

```
Var arr=[0,1,2,3,4,5,6];
arr2=arr.slice(2,5);
alert(arr2);
```

　　A．1,2,3　　　　　　　　　　　　B．1,2,3,4

　　C．2,3,4　　　　　　　　　　　　D．2,3,4,5

4．关于 JavaScript 中数组的说法中，不正确的是（   ）。

　　A．数组的长度必须在创建时给定，之后便不能改变

　　B．由于数组是对象，因此创建数组需要使用 new 运算符

  C．数组内元素的类型可以不同

  D．数组可以在声明的同时进行初始化

5．以下正确的运行结果是（　　）。

```
varreg=/^\w+,Java\w*$/;
varstr="Hello,JavaScript!";
var b=str.match(reg);
document.write(b);
```

  A．输出 Hello,JavaScript!　　　　B．输出 Java

  C．输出 null　　　　　　　　　　D．输出 false

实验十六 函数

【学习要点】

- 无参数函数
- 带参数的函数
- 函数的调用
- 正则表达式应用

【实验内容】

函数是完成某个功能的一组语句。它接受 0 个或者多个参数，然后执行函数体来完成某些功能，最后根据需要返回或者不返回处理结果。

一、无参数函数

（1）16-1.html 代码：

```
1    <html>
2      <head>
3      <script>
4        function myFunction()
5          {
6              alert("Hello World!");
7          }
8      </script>
9      </head>
10     <body>
11       <button onclick="myFunction()">点击这里</button>
12     </body>
13   </html>
```

（2）代码分析：

第 4 行：function 为定义函数的关键字，myFunction 为函数的名称，()表示参数可以为空；

第 5 行~第 7 行：函数体本身，可以是各种合法的代码块；

第 11 行：调用函数。

（3）运行结果如图 16-1 所示。

图 16-1 无参数调用

二、带参数函数

（1）16-2.html 代码：

```
1    <html>
2      <body>
3        <p>点击这个按钮，来调用带参数的函数。</p>
4          <button onclick="myFunction('Bill Gates','CEO')">点击这里</button>
5        <script>
6          function myFunction(name,job)
7          {
8              alert("Welcome " + name + ", the " + job);
9          }
10     </script>
11     </body>
12   </html>
```

（2）代码分析：

第 4 行：函数调用带两个参数：'Bill Gates'和'CEO'；

第 6 行：函数定义带两个参数：name 和 job，参数之间用","号隔开。

（3）运行结果如图 16-2 所示。

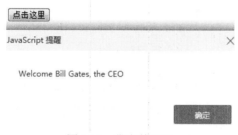

图 16-2 带参数调用

三、杨辉三角

（1）16-3.html 代码：

```
1    <html>
2      <head>
3        <title>杨辉三角</title>
4        <script language="JavaScript">
5        function Combination(m,n)
6        {
7          if(n==0) return 1;   //每行第 1 个数即第 1 列为 1
8          else if(m==n) return 1;    //最后一个数即主对角线为 1
9      //其余都是相加得来
10                 else return Combination(m-1,n-1)+Combination(m-1,n);
11             }
```

```
12        function Pascal(n)   //杨辉三角，n 为行数
13          {
14           for(var i=0;i<n;i++)   //一共 n 行
15            {
16               for(var j=0;j<=i;j++)   //每行数字的个数即为列号，例如第 1 行 1 个数，第 2 行 2 个数
17                   document.write(Combination(i,j)+"  ");
18                   document.write("<br>");
19            }
20          }
21       Pascal(10);   //直接传入希望得到的杨辉三角的行数
22      </script>
23     </head>
24   </html>
```

（2）代码分析：

第 10 行：递归调用；

第 14 行：外层循环为行数；

第 16 行：内层循环为每行输出的列数。

（3）运行结果如图 16-3 所示。

```
1
1   1
1   2   1
1   3   3   1
1   4   6   4   1
1   5   10   10   5   1
1   6   15   20   15   6   1
1   7   21   35   35   21   7   1
1   8   28   56   70   56   28   8   1
1   9   36   84   126   126   84   36   9   1
```

图 16-3　杨辉三角

四、求 1!+2!+3!+……+n!

（1）16-4.html 代码：

```
1    <html>>
2      <body>
3      <script>
4      function avail_n(n)        // 求 n!
5        {
6           var avail = 1,i;
7           for(i=1;i<=n;i++)
8             {
9                 avail*=i;
10            }
11          return avail;
12        }
```

```
13        function sum_i(n)          //求 1+(1*2)+(1*2*3)+···+(1*2*···*n)
14          {
15            var sum = 0,i;
16            for(i=1;i<=n;i++)
17              {
18                  sum+=avail_n(i);
19              }
20            return sum;
21          }
22        function checkIsIntValue(n)   // 验证是否为数字
23          {
24            var r = /^[0-9]*[1-9][0-9]*$/;    //正则表达式
25            if(r.test(n))
26              {
27                  n=parseInt(n);      //使用预定义函数，转换数据类型
28              }
29            else
30              {
31                  alert("请输入数字！ ");
32                  n=prompt("n=","0");
33              }
34            return n;
35          }
36        var n , sum ;
37        n=prompt("n=","0");
38        n=checkIsIntValue(n);
39        alert(sum_i(n));
40        sum = sum_i(n);
41        document.write("<font size=12px>当 n="+n+"时,1!+2!+...+"+n+"!="+sum+"</font>");
42      </script>
43    </body>
44  </html>
```

（2）代码分析：

第 4 行：定义函数 avail_n(n)，计算 n!；

第 18 行：函数 sum_i()里调用 avail_n(i)，此时，JavaScript 把控制流转去执行函数 avail_n( )中的第 5 行到第 12 行语句，函数 avail_n( )执行完成后第 11 行返回一个值 avail，JavaScript 再把控制流转回函数 sum_i( )的第 18 行，去执行语句 sum+=avail_n(i);中的赋值运算；

第 24 行：正则表达式：/^[0-9]*[1-9][0-9]*$/

^ 这表示以其后面的字符开头

[0-9]* 匹配 0 个或 0 个以上的 0~9 之间的数字

[1-9] 匹配一个 1~9 之间的数字

$ 表示以其前面的字符结尾

（3）运行结果如图 16-4 所示。

$$当n=5时，1!+2!+\ldots+5!=153$$

图 16-4　运行效果

【课后习题】

1. 说出以下代码执行的结果：

```
var total=10;
var number=square(5);
alert(total);
function square(n) {
    total=n*n;
    return total;
}
```

2. 说出以下代码执行的结果：

```
var a=10;
function fun(a) {
    a=5;
}
fun(a);
    alert(a);
```

3．说出以下代码执行的结果：

```
function f(y) {
    var x=y*y;
    return x;
    }
for(x=0;x<5;x++) {
    y=f(x);
document.writeln(y);
}
```

4. 填写代码，实现如图 16-5 所示的效果。

```
<html>
<head>
<!--*********Found*********-->
<script type="___1___">
function message()
{
// <!--*********Found*********-->
___2___("您好，欢迎光临！")
}
</script>
</head>
<!--*********Found*********-->
<body ___3___="message()">
```

```
<h1>我的小窝</h1>
</body>
</html>
```

图 16-5　运行效果

5. 填写代码，实现单击"点我"按钮后调用 myFunction()函数，将 id 为 demo 的段落换为新的内容。单击前如图 16-6 所示，单击后如图 16-7 所示。

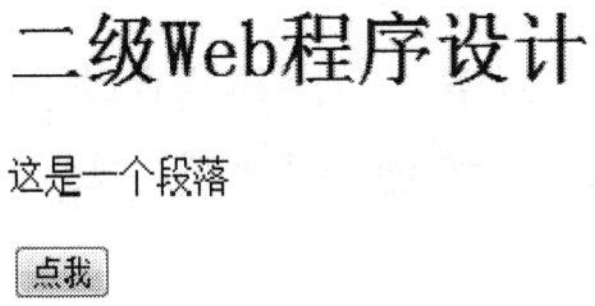

二级Web程序设计

这是一个段落

点我

图 16-6　原图

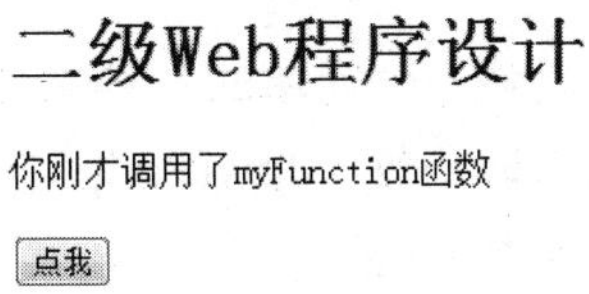

二级Web程序设计

你刚才调用了myFunction函数

点我

图 16-7　执行后的效果图

```
<html>
<head>
<script>
function myFunction()
{
// <!--**********Found**********-->
     var demo = document.____1____("demo");
// <!--**********Found**********-->
demo.____2____="你刚才调用了 myFunction 函数";
}
</script>
</head>
<body>
<h1>二级 Web 程序设计</h1>
<p id="demo">这是一个段落</p>
<!--**********Found**********-->
<button type="button" ____3____="myFunction()">点我</button>
</body>
</html>
```

实验十七　JavaScript 事件驱动

【学习要点】

- 掌握 JavaScript 的表格事件
- 掌握 JavaScript 的表单事件
- 掌握 JavaScript 的页面事件
- 掌握 JavaScript 的鼠标事件

【实验内容】

一、制作一个简单的 HTML 表单，可以验证用户名为空（运用事件的返回值的方法），两次录入密码一致（JavaScript 代码中调用事件的方法），年龄为正整数（HTML 标签属性中调用事件的方法）

（1）17-1.html 代码

```
1    <html>
2       <head>
3          <title>验证</title>
4          <script type="text/javascript">
5          //提交事件
6          function sub(){
7             var u_name=document.form1.u_name.value;
8             if(u_name==""){
9                alert("用户名不能为空");
10               return false;
11            }else{
12               return true;
13                }
14          }
15          //重复密码检测
16          function pas1_blur(){
17             var pas0=document.form1.pas0.value;
18             var pas1=document.form1.pas1.value;
19             if(pas0!=pas1){
20                   alert("两次输入不一致");
21                   document.form1.pas0.value="";
22                   document.form1.pas1.value="";
23                      }
24                }
```

```
25                    //检查年龄
26                    function check_age(obj){
27                        var age = obj.value;
28                        var reg1 =    /^\d+$/;
29                        if(age.trim().match(reg1) == null){
30                            alert("非正整数,请重新输入");
31                            obj.value="";
32                            return 0;
33                        }else{
34                            }
35                        }
36                    </script>
37        </head>
38
39        <body>
40          <form method="post" name="form1" onsubmit="return sub()">
41             <table>
42               <tr>
43                   <td>用户名</td>
44                   <td><input type="text" name="u_name" onblur="u_blur()"></td>
45               </tr>
46               <tr>
47                   <td>密码</td>
48                   <td><input type="password" id="pas0" name="pas0"></td>
49               </tr>
50               <tr>
51                   <td>确认密码</td>
52                   <td><input type="password" id="pas1" name="pas1"></td>
53               </tr>
54               <tr>
55                 <td>年龄</td>
56                 <td><input type="text" name="age" onblur="check_age(this)"></td>
57               </tr>
58                 <tr>
59                   <td><input type="submit"></td>
60                   <td><input type="reset"></td>
61               </tr>
62             </table>
63        </form>
64        <script type= "text/javascript">
65              document.form1.pas1.onblur = pas1_blur;
66        </script>
67        </body>
68  </html>
```

（2）代码分析：

第 6 行~第 14 行：创建提交事件方法；

第 16 行~第 24 行：创建重复密码检测方法；

第 26 行~第 35 行：创建检查年龄方法；

第 40 行~第 63 行：在创建的表单中，创建控件标签。

（3）运行结果如图 17-1 所示。

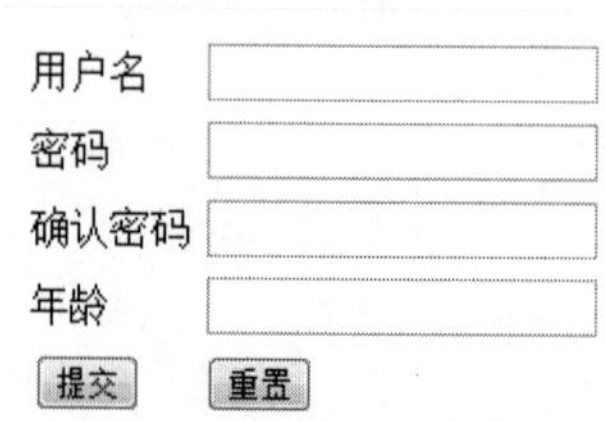

图 17-1　验证窗口

二、调用 Date 对象在页面上显示一个时钟，要求每秒刷新

（1）17-2.html 代码：

```
1    <html>
2      <head>
3      <title>clock</title>
4      <style>
5        body,div{margin:0;padding:0;}
6        body{color:#fff;font:16px/1.5 \5fae\8f6f\96c5\9ed1;}
7    #clock_wwwzzjsnet{width:300px;text-align:center;background:#1a1a1a;margin:10px
auto;padding:20px 0;}
8        span{color:#000;width:80px;line-height:2;background:#fbfbfb;border:2px solid    #b4b4b4;
margin:0 10px;padding:0 10px;}
9      </style>
10     <script>
11       window.onload = function (){
12         var oClock = document.getElementById("clock_wwwzzjsnet");
13         var aSpan = oClock.getElementsByTagName("span");
14         setInterval(getTimes, 1000);
15         getTimes();
16         function getTimes (){
17           var oDate = new Date();
18           var aDate = [oDate.getHours(), oDate.getMinutes(), oDate.getSeconds()];
19           for (var i in aDate) aSpan[i].innerHTML = format(aDate[i])
20         }
21         function format(a){
22           return a.toString().replace(/^(\d)$/, "0$1")
23         }
24       }
25     </script>
26     </head>
27     <body>
```

```
28          <div id="clock_wwwzzjsnet">
29          <span></span>点<span></span>分<span></span>秒
30          </div>
31       </body>
32    </html>
```

（2）代码分析：

网页时钟的原理是定时获取系统的当前时间，通过转换得到当前的时、分、秒，然后根据这些信息控制显示出时间信息。

从数字转换为图片显示需要先将数字转换为 2 位数的数字字符串，如果不足 2 位需要在前面补 0，在显示的时候依次读取字符串的每个字符，转换为图片的路径就可以显示数字相应的图片了。

第 11 行：页面完全加载后在 window 对象上触发，图片加载完成后在其上触发。

（3）运行结果如图 17-2 所示。

图 17-2　时钟

三、计算器

编写一个数学计算器程序，可以进行基本的加减乘除运算和三角函数运算，可以直接调用部分常用的数学常数如 PI 和 e，可以进行开平方根运算。

（1）17-3.html 代码：

```
1    <html>
2      <head>
3        <title>计算器</title>
4        <style>
5          input {width:40px;height:30px}
6        </style>
7      </head>
8      <body>
9        <script language="JavaScript">
10         /*
11         程序功能:获取数学常量
            进行加减乘除
            进行正弦、余弦、对数、开平方根计算
12         */
13       function doact(key){ //输入按键信息
14          document.form1.t1.value+=key;
15       }
16       function docal(){    //计算表达式
```

```
17              document.form1.t1.value=eval(document.form1.t1.value);
18          }
19      </script>
20      <center>
21          <form name="form1" method="post" action="" style="background:#efefef; width:210px;">
22          <br>
23      <input type="text" name="t1" value="" style="width:190px;height:25px">
24          <br><br>
25      <input type="button" value="+" onclick="doact(this.value)">
26      <input type="button" value="-" onclick="doact(this.value)">
27      <input type="button" value="*" onclick="doact(this.value)">
28      <input type="button" value="/" onclick="doact(this.value)">
29          <br><br>
30      <input type="button" value="1" onclick="doact(this.value)">
31      <input type="button" value="2" onclick="doact(this.value)">
32      <input type="button" value="3" onclick="doact(this.value)">
33      <input type="button" value="4" onclick="doact(this.value)">
34          <br><br>
35      <input type="button" value="5" onclick="doact(this.value)">
36      <input type="button" value="6" onclick="doact(this.value)">
37      <input type="button" value="7" onclick="doact(this.value)">
38      <input type="button" value="8" onclick="doact(this.value)">
39          <br><br>
40      <input type="button" value="9" onclick="doact(this.value)">
41      <input type="button" value="0" onclick="doact(this.value)">
42      <input type="button" value="=" onclick="docal()">
43      <input type="button" value="C" onclick="t1.value="">
44          <br><br>
45      <input type="button" value="pi" onclick="doact(Math.PI)">
46      <input type="button" value="e" onclick="doact(Math.E)">
47      <input type="button" value="sqrt" onclick="t1.value=Math.sqrt(t1.value)">
48      <input type="button" value="1/x" onclick="t1.value=1/(t1.value)">
49          <br><br>
50      <input type="button" value="sin" onclick="t1.value=Math.sin(t1.value)">
51      <input type="button" value="cos" onclick="t1.value=Math.cos(t1.value)">
52      <input type="button" value="tan" onclick="t1.value=Math.tan(t1.value)">
53      <input type="button" value="asin" onclick="t1.value=Math.asin(t1.value)">
54          <br><br>
55      </form>
56      </center>
57  </body>
58  </html>
```

（2）代码分析：

计算器由数字按钮和运算符按钮组成，按下按钮时在显示框中显示相对应的数字和运算符，按下等号后进行表达式的运算。

Math 对象的属性大部分为数学常数，例如 Math.PI 代表圆周率，Math.E 代表自然对数的底。

可以直接在按钮的标签中加入 onclick 事件来响应按键事件,在事件响应代码中使用 this 代表标签自身对象。

（3）运行结果如图 17-3 所示。

图 17-3　计算器

四、隔行变色

网页中经常会遇到一些数据表格，如学校员工的花名册、公司的年度收入报表等，这些数据表格的行或列往往会很多，导致用户查看某个数据时容易看错行。这时可以使用隔行变色。

（1）17-4.html 代码：

```
1     <html>
2      <head>
3        <title>CSS 实现隔行变色的表格</title>
4        <style>
5        .datalist
6          {
7            border:1px solid #007108;
8            font-family:Arial;
9            border-collapse:collapse;
10           background-color:#d9ffdc;
11           font-size:14px;text-align:center;}
12        .datalist tr.altrow
13           {
14              background-color:#a5e5aa;<!--隔行变色-->
15            }
16      </style>
17      <script language="javascript">
```

```
18              window.onload=function(){
19              var oTable=document.getElementById("oTable");
20              for(var i=0;i<oTable.rows.length;i++){
21                  if(i%2==0) //偶数行
22                      oTable.rows[i].className="altrow";
23                  }
24              }
25          </script>
26      </head>
27      <body>
28          <table class="datalist" width="50%" height="40%" id="oTable">
29          <tr>
30              <th scope="col"> 姓名 </th>
31              <th scope="col"> 班级 </th>
32              <th scope="col"> 出生日期 </th>
33              <th scope="col"> 家庭住址 </th>
34          </tr>
35          <tr>   <!--奇数行-->
36              <td> 曹新胜 </td>
37              <td> 140101 班 </td>
38              <td> 1986-9-10 </td>
39              <td> 吉林长春 </td>
40          </tr>
41          <tr> <!--偶数行-->
42              <td> 王丽琴 </td>
43              <td> 140105 班 </td>
44              <td> 1986-1-03 </td>
45              <td> 辽宁锦州 </td>
46          </tr>
47          <tr>
48              <td> 孟美玲 </td>
49              <td> 140101 班 </td>
50              <td> 1986-9-10 </td>
51              <td> 吉林通化 </td>
52          </tr>
53          <tr>
54              <td> 郑敏敏 </td>
55              <td> 140105 班 </td>
56              <td> 1986-1-03 </td>
57              <td> 湖北长沙 </td>
58          </tr>
59          <tr>
60              <td> 辛睿芯</td>
61              <td>140101 班</td>
62              <td>1986-9-10</td>
63              <td>山东日照</td>
```

```
64          </tr>
65      </table>
66      </body>
67    </html>
```

（2）代码分析：

实现隔行变色的关键是要知道表格的某一行是奇数还是偶数。表格对象有一个集合属性 rows 包含了所有的 tr 对象，访问它是从索引号 0 开始的，因此可以通过对这个 rows 集合的元素逐个访问来判断每个元素在集合内的索引值的奇偶性，进而完成目标。

第 5 行：设置了偶数行的颜色；

第 12 行：设置了奇数行的颜色；

第 21 行：判断偶数行。

（3）运行结果如图 17-4 所示。

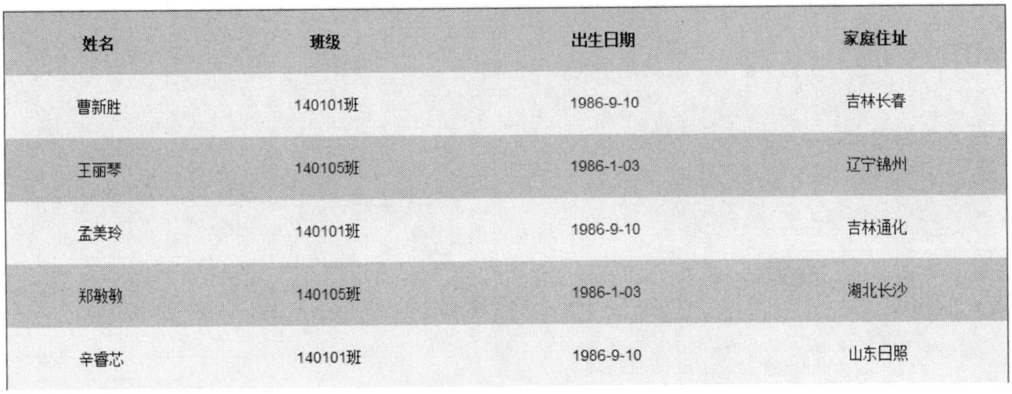

姓名	班级	出生日期	家庭住址
曹新胜	140101班	1986-9-10	吉林长春
王丽琴	140105班	1986-1-03	辽宁锦州
孟美玲	140101班	1986-9-10	吉林通化
郑敏敏	140105班	1986-1-03	湖北长沙
辛睿芯	140101班	1986-9-10	山东日照

图 17-4 隔行变色结果

【课后练习】

1. 下列技术中控制文档格式的是（   ）。

    A．DOM   B．CSS

    C．JavaScript   D．XMLHttpRequest

2. 下列语言编写的代码中，在浏览器端执行的是（   ）。

    A．Web 页面中的 C#代码   B．Web 页面中的 Java 代码

    C．Web 页面中的 PHP 代码   D．Web 页面中的 JavaScript 代码

3. 下列关于静态网页和动态网页的描述中，错误的是（   ）。

    A．判断网页是静态还是动态的重要标志是看代码是否在服务器端运行

    B．静态网页不依赖数据库

    C．静态网页适合搜索引擎发现

    D．动态网页不依赖数据库

4. 下列不属于 DOM 元素结点类型的是（   ）。

    A．元素结点   B．文本结点   C．属性结点   D．样式结点

5. 下列不属于动态网页格式的是（   ）。

    A. ASP   B. JSP   C. ASPX   D. VBS

6. 下列关于浏览器对象之间的从属关系中，正确的说法是（   ）。

    A. window 对象从属于 document 对象

    B. document 对象从属于 window 对象

    C. window 对象和 document 对象互不从属

    D. 以上选项均错误

7. 在 JavaScript 中，表示释放鼠标上的任何一个键时发生的事件是（   ）。

    A. mouseUp 事件   B. mouseDown 事件

    C. mouseMove 事件   D. mouseOver 事件

8. 在 JavaScript 中，拥有 onsubmit 事件的对象是（   ）。

    A. document   B. even   C. window   D. form

附录 1   HTML 常用标签

1. HTML 的主体标签\<body>

格式:

\<body text="#000000" link="#000000" alink="#000000" vlink="#000000" background="gifnam.gif"
bgcolor="#000000" leftmargin=3 topmargin=2 bgproperties="fixed">

属　性	描　述
link	设定页面默认的连接颜色
alink	设定鼠标正在单击时的连接颜色
vlink	设定访问后连接文字的颜色
background	设定页面背景图像
bgcolor	设定页面背景颜色
leftmargin	设定页面的左边距
topmargin	设定页面的上边距
bgproperties	设定页面背景图像为固定,不随页面的滚动而滚动
text	设定页面文字的颜色

2. 插入水平线标签\<hr>

属　性	功　能	单　位	默　认　值
size	设置水平分隔线的粗细（宽度）	pixel（像素）	2
width	设置水平分隔线的长度	pixel（像素）、%	100%
align	设置水平分隔线的对齐方式		center
color	设置水平分隔线的颜色		black
noshade	取消水平分隔线的 3d 阴影		

3. 插入特殊符号

特殊或专用字符	字　符　代　码
<	&lt;
>	&gt;
&	&amp;
"	&quot;
©	&copy;
×	&times;
®	&reg;
空格	

4. 文字格式控制标签<font>

格式:

<font face=值 size=值 color=值>文字</font>

属　性	使　用　功　能	默　认　值
face	设置文字使用的字体	宋体
size	设置文字的大小	3（1~7）
color	设置文字的颜色	黑色

5. 特定文字样式标签

标　签	含　义
<I>......</I>	斜体显示
<B>......</B>	粗体显示
<U>......</U>	加下划线显示
_{......}	下标字体
^{......}	上标字体
<big>......</big>	大字体
<small>......</small>	小字体
<h1>~<h6>	标题，数字越大，显示的标题字越小
<p>......</p>	分段标签，属性有布局方式 align：left—左对齐；center—居中对齐；right—右对齐
<center>......</center>	居中显示
<div>......</div>	块容器标签，其中的内容是一个独立段落
 	换行标签
<pre>......</pre>	原样显示文字标签
<address>......</address>	署名标签，标签之间的文字显示效果是斜体字

6. 无序列表<ul>

格式 1:

```
<ul type=circle>
    <li>第 1 项
    <li>第 2 项
    <li>第 3 项
</ul>
```

格式 2:

```
<ul>
    <li type=disc>第 1 项
    <li type=circle>第 2 项
    <li type=square>第 3 项
</ul>
```

7. 有序列表<ol>

格式 1:

```
<ol type=编号类型 start=value>
    <li>第 1 项
    <li>第 2 项
    <li>第 3 项
    </ol>
```

格式 2:

```
<ol>
    <li>第 1 项
    <li value="n">第 2 项
    <li>第 3 项
</ol>
```

8. 图像插入标签<img>

格式:

```
<img src="logo.gif" width=100 height=100 hspace=5 vspace=5 border=2 align="top" alt="Logo of PenPals Garden" lowsrc="pre_logo.gif">
```

属　性	描　述
src	指定图像文件的地址。该属性值必须指明。值的形式可以是一个本地文件名，也可以是一个 url
alt	提示文字
width	指定图像宽度，值为整数，单位为屏幕像素点。若不指出该属性值，则浏览器根据图像的实际尺寸显示。通常只设为图片的真实大小以免失真，改变图片大小最好用图像工具
height	指定图像高度，值为整数，单位为屏幕像素点。若不指出该属性值，则浏览器根据图像的实际尺寸显示。通常只设为图片的真实大小以免失真，改变图片大小最好用图像工具
dynsrc	avi 文件的 url 的路径
loop	设定 avi 文件循环播放的次数
loopdelay	设定 avi 文件循环播放延迟
start	设定 avi 文件的播放方式
lowsrc	设定低分辨率图片
usemap	映像地图
align	top 上对齐，middle 居中对齐，bottom 下对齐，left 左对齐，right 右对齐
border	指定图像边框的粗细，值为整数。若为 0，表示无边框；值越大，边框越粗
hspace	水平间距
vspace	定义图像顶部和底部的空白
valign	垂直间距

9. 超链接标签<a>

格式:

```
<a href="资源地址" target="窗口名称" title="指向连接显示的文字">超链接名称</a>
```

target 的值有：

属　性	描　述
_blank	打开一个新窗口
_parent	显示在上一层窗口中
_top	显示在最上层窗口
name	显示在名字叫 name 的窗口中
_self	显示在当前窗口，缺省的属性

（1）书签链接格式：

<a name="定位标记名">书签内容(被访问的内容)</a>

<a href="#定位标记名">链接内容</a>

（2）外部链接格式：

<a href="http://网址">

（3）邮箱链接格式：

<a href="mailto:E-mali 地址 &subject=邮件主题">描述文字</a>

<a href="mailto:zhoujr@yahoo.com.cn?cc=benbenmao@163.com&Subject=早安&bcc=a@b.c&Body=早安,祝你度过一个快乐的早晨！">向好友发送邮件(抄送 小 李)</a>

邮件的参数：

参　数	描　述
subject	电子邮件主题
cc	抄送收件人
body	主题内容
bcc	暗送收件人

10. 表格标签<table>

标　签	描　述
<table>……</table>	用于定义一个表格开始和结束
<th>……</th>	表格中的文字将以粗体显示，<th>标签必须放在<tr>标签内
<tr>……</tr>	一组行标签内可以建立多组由<td>或<th>标签所定义的单元格
<td>……</td>	一组<td>标签将建立一个单元格，<td>标签必须放在<tr>标签内

（1）<table>标签属性：

属　性	描　述	默 认 值
border	表格边框粗细，该值为 0，则表示表格没有边框；值越大，则表格边框越粗	0
cellspacing	单元格间距，以像素点为单位	2

续表

属 性	描 述	默 认 值
cellpadding	单元格与表格边框之间的距离，以像素点为单位	0
width	表格的宽度。width 的取值还可以使用百分比	100%
height	表格的高度，取值方法同 width	
bgcolor	表格的背景色。<td>单元格也可有此属性	#000000
background	表格的背景图片。<td>也有此属性	
bordercolor	表格边框的颜色，取值同 bgcolor	#000000
bordercolorlight	亮边框颜色，亮边框指表格的左边和上边的边框	仅 IE 支持
bordercolordark	暗边框颜色，暗边框指表格的右边和下边的边框	仅 IE 支持
align	表格的对齐方式，值有 left，center，right	left

（2）<tr>标签属性：

属 性	描 述	默 认 值
align	行内容的水平对齐	left
valign	行内容的垂直对齐	middle
bgcolor	行的背景颜色	#000000
bordercolor	行的边框颜色	#000000
bordercolorlight	行的亮边框颜色	
bordercolordark	行的暗边框颜色	

（3）<td>标签属性：

属 性	描 述	默 认 值
width/height	单元格的宽和高，接受绝对值（如 80）及相对值（如 80%）	
colspan	单元格向右打通的栏数	1
rowspan	单元格向下打通的列数	1
align	单元格内水平位置，可选值为：left,center,right	left
valign	单元格内垂直位置，可选值为：top,middle,bottom	middle
bgcolor	单元格的背景色	#000000
bordercolor	单元格边框颜色	
bordercolorlight	单元格边框向光部分的颜色	
bordercolordark	单元格边框背光部分的颜色	
background	单元格背景图片	

11. 框架标签<frameset>

属 性	描 述	默 认 值
border	设置边框粗细，默认是 5 像素	
bordercolor	设置边框颜色	gray（灰）
frameborder	指定是否显示边框："0"代表不显示边框，"1"代表显示边框	1
cols	用"像素数"和"%"分割左右窗口，"*"表示剩余部分	
rows	用"像素数"和"%"分割上下窗口，"*"表示剩余部分	
framespacing	表示框架与框架间的保留空白的距离	
noresize	设定框架不能够调节，只要设定了前面的，后面的将继承	

（1）框架窗口<frame>标签属性：

属 性	描 述	默 认 值
src	指示加载的 url 文件的地址	
bordercolor	设置边框颜色	
frameborder	指示是否要边框，1 显示边框，0 不显示（不提倡用 yes 或 no）	
border	设置边框粗细	
name	框架的名字，可在程序和<a>标签的 target 属性中引用	
noresize	不能调整窗口的大小，省略此项时就可调整	
scrolling	框架边框是否出现滚动条，auto 根据需要自动出现，Yes 有，No 无	auto
marginwidth	设置内容与窗口左右边缘的距离	0
marginheight	设置内容与窗口上下边缘的边距	0
width	框窗的宽及高，默认为 width="100" height="100"	100
align	可选值为：left，right，top，middle，bottom	

（2）浮动窗口<iframe>标签属性：

属 性	描 述	默 认 值
src	浮动窗框中的要显示的页面文件的路径，可以是相对或绝对	
name	浮动框架的名称，可在程序和<a>标签的 target 属性中引用	
align	浮动框架的排列方式，可选值为：left，right，top，middle，bottom，作用不大	

续表

属　性	描　述	默 认 值
height	浮动框架的高度	
width	浮动框架的宽度	
marginwidth	该插入的文件与框边所保留的空间	0
marginheight	该插入的文件与框边所保留的空间	0
frameborder	使用 1 表示显示边框，0 则不显示	1
scrolling	框架边框是否出现滚动条	

12. 表单标签\<form\>

格式：

\<form name="form_name" action="URL" method="get|post"\>...\</form\>

- name：定义表单的名称；
- method：定义表单结果从浏览器传送到服务器的方式，默认参数为：get；
- action：用来指定表单处理程序的位置（asp 等服务器端脚本处理程序）。

13. 文本框

文本框是一种让访问者自己输入内容的表单对象，通常被用来填写单个字或者简短的回答，如姓名、地址等。

格式：

\<input type="text" name="......" size="......" maxlength="......" value="......"\>

- type="text"：定义单行文本输入框；
- name：属性定义文本框的名称，要保证数据的准确采集，必须定义一个独一无二的名称；
- size：属性定义文本框的宽度，单位是单个字符宽度；
- maxlength：属性定义最多输入的字符数；
- value：属性定义文本框的初始值。

14. 密码框

密码框是一种特殊的文本框，它的不同之处是当输入内容时，均以*表示，以保证密码的安全性。

格式：

\<input type="password" name="......" size=" ......" maxlength="......"\>

15. 按钮

类型：普通按钮、提交按钮、重置按钮。

（1）普通按钮格式：

\<input type="button" value="..." name="..."\>

value：表示显示在按钮上面的文字。

当 type 的类型为 button 时，表示该输入项输入的是普通按钮。

（2）提交按钮格式：

`<input type="submit" value="提交">`

通过提交可以将表单里的信息提交给表单里 action 所指向的文件。

（3）重置按钮格式：

`<input type=" reset" value=" ..." name=" ...">`

当 type 的类型为 reset 时，表示该输入项输入的是重置按钮，单击按钮后，浏览器可以清除表单中的输入信息而恢复到默认的表单内容设定。

16. 单选框和复选框

（1）单选框格式：

`<input type="radio" name="......" value="......" checked>`

- Checked：表示此项默认选中；
- value：表示选中后传送到服务器端的值；
- name：表示单选框的名称，如果是一组单选项，name 属性的值相同有互斥效果。

（2）复选框格式：

`<input type=checkbox name="......" value="......" checked>`

- Checked：表示此项默认选中；
- value：表示选中后传送到服务器端的值；
- name：表示复选框的名称，如果是一组单选项，name 属性的值相同亦不会有互斥效果。

17. 文件输入框

格式：

`<input type="file" name="......">`

当 type="file"时，表示该输入项是一个文件输入框，用户可以在文件输入框的内部填写自己硬盘中的文件路径，然后通过表单上传。

18. 下拉框

格式：

```
<select name="fruit">
<option value="apple"> 苹果
<option value="orange"> 桔子
<option value="mango"> 芒果
</select>
```

如果要变成复选，加 multiple 即可。用户用 Ctrl 来实现多选。`<select name="fruit" multiple>`，用户还可以用 size 属性来改变下拉框的大小。

19. 文本输入框

文本输入框（textarea）主要用于输入较长的文本信息。

格式：

`<textarea name="yoursuggest" cols="50" rows="3"></textarea>`

其中 cols 表示 textarea 的宽度，rows 表示 textarea 的高度。

20.　滚动字幕<marquee>

属　性	描　述
align	对齐方式：left，center，right，top，bottom
behavior	滚动方式
behavior="scroll"	表示由一端滚动到另一端
behavior="slide"	表示由一端快速滑动到另一端，且不再重复
behavior="alternate"	默认值——表示在两端之间来回滚动
direction	left（默认值）左，right 右，up 上，down 下
bgcolor	背景颜色
height	高度
weight	宽度
Hspace/vspace	分别用于设定滚动字幕的左右边框和上下边框的宽度
scrollamount	滚动的速度
scrolldelay	延迟时间
loop	循环次数
onmouseover	鼠标触发事件——当用户将鼠标指针移动到对象内时触发
onmouseout	鼠标滑出事件——当用户将鼠标指针移出对象边界时触发

这里要用到的是 this.start()与 this.stop()，意思就是鼠标移到 marquee 的内容上的时候停止循环，鼠标移开 marquee 又开始移动。

属　性	描　述
innercode	设置或获取位于对象起始和结束标签内的 code
innerText	设置或获取位于对象起始和结束标签内的文本
scrollLeft	设置或获取位于对象左边界和窗口中目前可见内容的最左端之间的距离
scrollTop	设置或获取位于对象最顶端和窗口中可见内容的最顶端之间的距离
scrollDelay	设置或获取字幕滚动的速度，要创建垂直滚动的字幕，请将其 scrollLeft 属性设定为 0，要创建水平滚动的字幕，请将其 scrollTop 属性设定为 0，这将覆盖任何脚本设置
scrollHeight	获取对象的滚动高度
scrollAmount	设置或获取介于每个字幕绘制序列之间的文本滚动像素数
offsetTop	获取对象相对于版面或由 offsetTop 属性指定的父坐标的计算顶端位置
offsetLeft	获取对象相对于版面或由 offsetParent 指定的父坐标的计算左侧位置
offsetHeight	获取对象相对于版面或由父坐标 offsetParent 指定的父坐标的高度
setInterval	交互时间。它从载入后，每隔指定的时间就执行一次表达式
clearInterval	使用 setInterval 方法取消先前开始的间隔事件

21. 嵌入多媒体文件

格式：

<embed src="音乐文件地址">

（1）自动播放：

语法：autostart=true\false

- true：音乐文件在下载完之后自动播放；
- false：音乐文件在下载完之后不自动播放。

示例：<embed src="your.mid" autostart=true>

  <embed src="your.mid" autostart=false>

（2）循环播放：

语法：loop=正整数\true\false

- 正整数：音频或视频文件的循环次数与正整数值相同；
- true：音频或视频文件循环；
- false：音频或视频文件不循环。

示例：<embed src="your.mid" autostart=true loop=2>

  <embed src="your.mid" autostart=true loop=true>

  <embed src="your.mid" autostart=true loop=false>

（3）面板显示：

语法：hidden=true\no

说明：该属性规定控制面板是否显示，默认值为 no。

- true：隐藏面板；
- no：显示面板。

示例：<embed src="your.mid" hidden=true>

  <embed src="your.mid" hidden=no>

（4）开始时间：

语法：starttime=mm:ss（分：秒）

该属性规定音频或视频文件开始播放的时间，未定义则从文件开头播放；

示例：<embed src="your.mid" starttime="00:10">

（5）音量大小：

语法：volume=0-100 之间的整数

说明：该属性规定音频或视频文件的音量大小，未定义则使用系统本身的设定。

示例：<embed src="your.mid" volume="10">

（6）容器属性：

语法：height=# width=#

说明：取值为正整数或百分数，单位为像素。该属性规定控制面板的高度和宽度。

- height：控制面板的高度；
- width：控制面板的宽度。

示例：<embed src="your.mid" height=200 width=200>

（7）容器单位

语法：units=pixels\en

说明：该属性指定高和宽的单位为 pixels 或 en。

示例：<embed src="your.mid" units="pixels" height=200 width=200>

　　　　<embed src="your.mid" units="en" height=200 width=200>

（8）外观设置：

语法：controls=console\smallconsole\playbutton\pausebutton\stopbutton\volumelever

说明：该属性规定控制面板的外观。默认值是 console；

● console：一般正常面板；

● smallconsole：较小的面板；

● playbutton：只显示播放按钮；

● pausebutton：只显示暂停按钮；

● stopbutton：只显示停止按钮；

● volumelever：只显示音量调节按钮。

示例：<embed src="your.mid" controls=smallconsole>

　　　　<embed src="your.mid" controls=volumelever>

（9）对象名称：

语法：name=#

说明：#为对象的名称。该属性给对象取名，以便其他对象利用。

示例：<embed src="your.mid" name="sound1">

（10）说明文字：

语法：title=#

说明：#为说明的文字。该属性规定音频或视频文件的说明文字。

示例：<embed src="your.mid" title="第一首歌">

（11）前景色和背景色：

语法：palette=color|color

说明：该属性表示嵌入的音频或视频文件的前景色和背景色，第一个值为前景色，第二个值为背景色，中间用 | 隔开。color 可以是 RGB 色也可以是颜色名，还可以是 transparent（透明）。

示例：<embed src="your.mid" palette="red|black">

（12）对齐方式：

语法：align=top\bottom\center\baseline\left\right\texttop\middle\absmiddle\absbottom

说明：该属性规定控制面板和当前行中的对象的对齐方式。

● center：控制面板居中；

● left：控制面板居左；

● right：控制面板居右；

- top：控制面板的顶部与当前行中的最高对象的顶部对齐；
- bottom：控制面板的底部与当前行中的对象的基线对齐；
- baseline：控制面板的底部与文本的基线对齐；
- texttop：控制面板的顶部与当前行中的最高的文字顶部对齐；
- middle：控制面板的中间与当前行的基线对齐；
- absmiddle：控制面板的中间与当前文本或对象的中间对齐；
- absbottom：控制面板的底部与文字的底部对齐。

22. IE 中的背景音乐

格式：

<bgsound src="音乐文件地址" loop=#>

附录 2　CSS 常用属性

字体属性

属　性	描　述
font-family	用一个指定的字体名或一个种类的字体族科
font-size	字体显示的大小
font-style	设定字体风格
font-weight	以 bold 为值可以使字体加粗

文本属性

属　性	描　述
letter-spacing	定义一个附加在字符之间的间隔数量
text-decoration	文本修饰属性允许通过 5 个属性中的一个来修饰文本
text-align	设置文本的水平对齐方式，包括左对齐、右对齐、居中、两端对齐
text-indent	文字的首行缩进
Line-height	行高属性接受一个控制文本基线之间的间隔值

颜色和背景属性

属　性	描　述
color	定义颜色
background-color	设定一个元素的背景颜色
background-image	设定一个元素的背景图像
background-repeat	设定一个指定的背景图像如何被重复
background-position	设置水平和垂直方向上的位置

边框属性

属　性	描　述
border	边框
border-top	上边框
border-left	左边框
border-right	右边框
Border-bottom	下边框

光标属性

属　　性	描　　述
hand	手形
crosshair	交叉十字形
text	文本选择符号
wait	Windows 的沙漏形状（等待）
default	默认的光标形状
help	带问号的光标
e-resize	向东的箭头
ne-resize	向东北方的箭头
n-resize	向北的箭头
nw-resize	向西北的箭头
w-resize	向西的箭头
sw-resize	向西南的箭头
s-resize	向南的箭头
se-resize	向东南的箭头

定位属性

属　　性	描　　述
position	absolute（绝对定位）、relative（相对定位）
top	层距离顶点纵坐标的距离
left	层距离顶点横坐标的距离
width	层的宽度
height	层的高度
z-index	决定层的先后顺序和覆盖关系，值越高的元素会覆盖值比较低的元素
clip	限定只显示裁切出来的区域
overflow	当层中的内容超出层所容纳的范围时，设置溢出
visibility	这一项是针对嵌套层的设置，嵌套层是插入在其他层中的层，分为嵌套的层（子层）和被嵌套的层（父层）

区块属性

属　　性	描　　述
width	设定对象的宽度
height	设定对象的高度
float	让文字环绕在一个元素的四周
clear	指定在一个元素的某一边是否允许有环绕的文字或对象
padding	决定了究竟在边框与内容之间应该插入多少空间距离
margin	设置一个元素在 4 个方向上与浏览器窗口边界或上一级元素的边界距离

列表属性

属　　性	描　　述
list-style-type	设定引导列表项目的符号类型
list-style-image	选择图像作为项目的引导符号
list-style-position	决定列表项目所缩进的程度

滤镜属性

滤　　镜	描　　述
alpha	透明的层次效果
blur	快速移动的模糊效果
chroma	特定颜色的透明效果
dropshadow	阴影效果
fliph	水平翻转效果
flipv	垂直翻转效果
glow	边缘光晕效果
gray	灰度效果
invert	将颜色的饱和度及亮度值完全反转
mask	遮罩效果
shadow	渐变阴影效果
wave	波浪变形效果
xray	X 射线效果

附录 3　HTML 颜色代码大全

颜色	英文代码	颜色形象名称	HEX 格式	RGB 格式
	LightPink	浅粉红	#FFB6C1	255,182,193
	Pink	粉红	#FFC0CB	255,192,203
	Crimson	猩红	#DC143C	220,20,60
	LavenderBlush	脸红的淡紫色	#FFF0F5	255,240,245
	PaleVioletRed	苍白的紫罗兰红色	#DB7093	219,112,147
	HotPink	热情的粉红	#FF69B4	255,105,180
	DeepPink	深粉色	#FF1493	255,20,147
	MediumVioletRed	适中的紫罗兰红色	#C71585	199,21,133
	Orchid	兰花的紫色	#DA70D6	218,112,214
	Thistle	蓟	#D8BFD8	216,191,216
	plum	李子	#DDA0DD	221,160,221
	Violet	紫罗兰	#EE82EE	238,130,238
	Magenta	洋红	#FF00FF	255,0,255
	Fuchsia	灯笼海棠（紫红色）	#FF00FF	255,0,255
	DarkMagenta	深洋红色	#8B008B	139,0,139
	Purple	紫色	#800080	128,0,128
	MediumOrchid	适中的兰花紫	#BA55D3	186,85,211
	DarkVoilet	深紫罗兰色	#9400D3	148,0,211
	DarkOrchid	深兰花紫	#9932CC	153,50,204

颜色	英文代码	颜色形象名称	HEX 格式	RGB 格式
	Indigo	靛青	#4B0082	75,0,130
	BlueViolet	深紫罗兰的蓝色	#8A2BE2	138,43,226
	MediumPurple	适中的紫色	#9370DB	147,112,219
	MediumSlateBlue	适中的板岩暗蓝灰色	#7B68EE	123,104,238
	SlateBlue	板岩暗蓝灰色	#6A5ACD	106,90,205
	DarkSlateBlue	深岩暗蓝灰色	#483D8B	72,61,139
	Lavender	熏衣草花的淡紫色	#E6E6FA	230,230,250
	GhostWhite	幽灵的白色	#F8F8FF	248,248,255
	Blue	纯蓝	#0000FF	0,0,255
	MediumBlue	适中的蓝色	#0000CD	0,0,205
	MidnightBlue	午夜的蓝色	#191970	25,25,112
	DarkBlue	深蓝色	#00008B	0,0,139
	Navy	海军蓝	#000080	0,0,128
	RoyalBlue	皇军蓝	#4169E1	65,105,225
	CornflowerBlue	矢车菊的蓝色	#6495ED	100,149,237
	LightSteelBlue	淡钢蓝	#B0C4DE	176,196,222
	LightSlateGray	浅石板灰	#778899	119,136,153
	SlateGray	石板灰	#708090	112,128,144
	DoderBlue	道奇蓝	#1E90FF	30,144,255
	AliceBlue	爱丽丝蓝	#F0F8FF	240,248,255
	SteelBlue	钢蓝	#4682B4	70,130,180

续表

颜色	英文代码	颜色形象名称	HEX 格式	RGB 格式
	LightSkyBlue	淡蓝色	#87CEFA	135,206,250
	SkyBlue	天蓝色	#87CEEB	135,206,235
	DeepSkyBlue	深天蓝	#00BFFF	0,191,255
	LightBLue	淡蓝	#ADD8E6	173,216,230
	PowDerBlue	火药蓝	#B0E0E6	176,224,230
	CadetBlue	军校蓝	#5F9EA0	95,158,160
	Azure	蔚蓝色	#F0FFFF	240,255,255
	LightCyan	淡青色	#E1FFFF	225,255,255
	PaleTurquoise	苍白的绿宝石	#AFEEEE	175,238,238
	Cyan	青色	#00FFFF	0,255,255
	Aqua	水绿色	#00FFFF	0,255,255
	DarkTurquoise	深绿宝石	#00CED1	0,206,209
	DarkSlateGray	深石板灰	#2F4F4F	47,79,79
	DarkCyan	深青色	#008B8B	0,139,139
	Teal	水鸭色	#008080	0,128,128
	MediumTurquoise	适中的绿宝石	#48D1CC	72,209,204
	LightSeaGreen	浅海洋绿	#20B2AA	32,178,170
	Turquoise	绿宝石	#40E0D0	64,224,208
	Auqamarin	绿玉\碧绿色	#7FFFAA	127,255,170
	MediumAquamarine	适中的碧绿色	#66CDAA	102,205,170
	MediumSpringGreen	适中的春天的绿色	#00FA9A	0,250,154

续表

颜色	英文代码	颜色形象名称	HEX 格式	RGB 格式
	MintCream	薄荷奶油	#F5FFFA	245,255,250
	SpringGreen	春天的绿色	#00FF7F	0,255,127
	SeaGreen	海洋绿	#2E8B57	46,139,87
	Honeydew	蜂蜜	#F0FFF0	240,255,240
	LightGreen	淡绿色	#90EE90	144,238,144
	PaleGreen	苍白的绿色	#98FB98	152,251,152
	DarkSeaGreen	深海洋绿	#8FBC8F	143,188,143
	LimeGreen	酸橙绿	#32CD32	50,205,50
	Lime	酸橙色	#00FF00	0,255,0
	ForestGreen	森林绿	#228B22	34,139,34
	Green	纯绿	#008000	0,128,0
	DarkGreen	深绿色	#006400	0,100,0
	Chartreuse	查特酒绿	#7FFF00	127,255,0
	LawnGreen	草坪绿	#7CFC00	124,252,0
	GreenYellow	绿黄色	#ADFF2F	173,255,47
	OliveDrab	橄榄土褐色	#556B2F	85,107,47
	Beige	米色（浅褐色）	#6B8E23	107,142,35
	LightGoldenrodYellow	浅秋麒麟黄	#FAFAD2	250,250,210
	Ivory	象牙	#FFFFF0	255,255,240
	LightYellow	浅黄色	#FFFFE0	255,255,224
	Yellow	纯黄	#FFFF00	255,255,0

续表

颜色	英文代码	颜色形象名称	HEX 格式	RGB 格式
	Olive	橄榄	#808000	128,128,0
	DarkKhaki	深卡其布	#BDB76B	189,183,107
	LemonChiffon	柠檬薄纱	#FFFACD	255,250,205
	PaleGodenrod	灰秋麒麟	#EEE8AA	238,232,170
	Khaki	卡其布	#F0E68C	240,230,140
	Gold	金	#FFD700	255,215,0
	Cornislk	玉米色	#FFF8DC	255,248,220
	GoldEnrod	秋麒麟	#DAA520	218,165,32
	FloralWhite	花的白色	#FFFAF0	255,250,240
	OldLace	老饰带	#FDF5E6	253,245,230
	Wheat	小麦色	#F5DEB3	245,222,179
	Moccasin	鹿皮鞋	#FFE4B5	255,228,181
	Orange	橙色	#FFA500	255,165,0
	PapayaWhip	番木瓜	#FFEFD5	255,239,213
	BlanchedAlmond	漂白的杏仁	#FFEBCD	255,235,205
	NavajoWhite	Navajo 白	#FFDEAD	255,222,173
	AntiqueWhite	古代的白色	#FAEBD7	250,235,215
	Tan	晒黑	#D2B48C	210,180,140
	BrulyWood	结实的树	#DEB887	222,184,135
	Bisque	（浓汤）乳脂，番茄等	#FFE4C4	255,228,196
	DarkOrange	深橙色	#FF8C00	255,140,0

颜色	英文代码	颜色形象名称	HEX 格式	RGB 格式
	Linen	亚麻布	#FAF0E6	250,240,230
	Peru	秘鲁	#CD853F	205,133,63
	PeachPuff	桃色	#FFDAB9	255,218,185
	SandyBrown	沙棕色	#F4A460	244,164,96
	Chocolate	巧克力	#D2691E	210,105,30
	SaddleBrown	马鞍棕色	#8B4513	139,69,19
	SeaShell	海贝壳	#FFF5EE	255,245,238
	Sienna	黄土赭色	#A0522D	160,82,45
	LightSalmon	浅鲜肉（鲑鱼）色	#FFA07A	255,160,122
	Coral	珊瑚	#FF7F50	255,127,80
	OrangeRed	橙红色	#FF4500	255,69,0
	DarkSalmon	深鲜肉（鲑鱼）色	#E9967A	233,150,122
	Tomato	番茄	#FF6347	255,99,71
	MistyRose	薄雾玫瑰	#FFE4E1	255,228,225
	Salmon	鲜肉（鲑鱼）色	#FA8072	250,128,114
	Snow	雪	#FFFAFA	255,250,250
	LightCoral	淡珊瑚色	#F08080	240,128,128
	RosyBrown	玫瑰棕色	#BC8F8F	188,143,143
	IndianRed	印度红	#CD5C5C	205,92,92
	Red	纯红	#FF0000	255,0,0
	Brown	棕色	#A52A2A	165,42,42

续表

颜色	英文代码	颜色形象名称	HEX 格式	RGB 格式
	FireBrick	耐火砖	#B22222	178,34,34
	DarkRed	深红色	#8B0000	139,0,0
	Maroon	栗色	#800000	128,0,0
	White	纯白	#FFFFFF	255,255,255
	WhiteSmoke	白烟	#F5F5F5	245,245,245
	Gainsboro	淡灰色	#DCDCDC	220,220,220
	LightGrey	浅灰色	#D3D3D3	211,211,211
	Silver	银白色	#C0C0C0	192,192,192
	DarkGray	深灰色	#A9A9A9	169,169,169
	Gray	灰色	#808080	128,128,128
	DimGray	暗淡的灰色	#696969	105,105,105
	Black	纯黑	#000000	0,0,0

习题答案

实验二答案：

1. <html> </html>
2. 标签
3. html
4. href
5.
6.
7. 文档体
8. <head></head>
9. 头部文件
10. 同一文件链接　　不同文件之间跳转
11. C
12. D
13. C
14. D
15. B
16. C
17. C
18. D
19. 第 1 处改为：
    请把我加粗
    第 2 处改为：
    请把我变斜体
    第 3 处改为：
    _{请把我变下标}
    第 4 处改为：
    ^{请把我变上标}

实验三答案：

1. <table></table>
2. <th><tr><td><table>

3．<th>　粗体

4．bgcolor　background

5．<tr>　<td>　<th>

6．<td>　<tr>

7．groups　none

8．left　center　right

9．C

10．B

11．第 1 处改为：<td> </td><td colspan="2"> </td><td> </td>

　　第 2 处改为：<td> </td><td rowspan="2"> </td><td> </td><td> </td>

　　第 3 处改为<td> </td><td> </td><td> </td>

12．代码：

```html
<html>
  <body>
    <table border=2 bordercolor=red cellspacing=0 align=center width=800>
    <br>
    <caption ><font size=6 color=#000fff>值日生轮流表<br><br></font></caption>
    <tr height="80px" bgcolor=#CCCfff>
        <td> </td>
        <td align=center >星期一</td>
        <td   align=center>星期二</td>
        <td   align=center >星期三</td>
        <td   align=center >星期四</td>
        <td   align=center>星期五</td>
    </tr>
    <tr height="40px" >
        <td rowspan=2 align=center >上午</td>
        <td rowspan=2 colspan=2 align=center>周晓伦</td>
        <td rowspan=2 align=center >张丽丽</td>
        <td rowspan=3 bgcolor=red align=center>汪<br><br>含</td>
        <td align=center bordercolor=blue > <i>单周：李红</i></td>
    </tr>
    <tr height="40px" >
        <td align=center><i>双周：齐霞</i></td>
    </tr>
    <tr height="80px">
        <td align=center>下午</td>
        <td align=center >那旭红</td>
        <td align=center >李红</td>
        <td align=center >王微唯</td>
        <td align=center>邓天棋</td>
    </tr>
    </table>
    <font size=5 color=red >
```

```
    <p align=center>           
            注意：如遇节假日，正常
执行</p></font>
    </body>
</html>
```

实验四答案：

1．在网页中将项目有序或无序罗列显示

2．有序列表　　无序列表　　定义列表

3．嵌套列表

4．有序　　　无序　　<ol> <dl> <dir> <menu> <ul>

5．type

6．自动

7．<li></li>

8．<dl>

9．D

10．第 1 处应填：ul

　　第 2 处应填：ul

　　第 3 处应填：ol

　　第 4 处应填：ol

　　第 5 处应填：ol type="i"

　　第 6 处应填：ol

实验五答案：

1．网页中提供的一种交互式操作手段

2．表单

3．input　　select　　textarea

4．name　　cols　　rows

5．A

6．第 1 处应填：radio

　　第 2 处应填：radio

　　第 3 处应填：radio

　　第 4 处应填：radio

　　第 5 处应填：checkbox

　　第 6 处应填：checkbox

　　第 7 处应填：checkbox

　　第 8 处应填：checkbox

　　第 9 处应填：textarea 和 textarea

第 10 处应填：submit 和 reset

7. 第 1 处改为：<input type="text" name="user">

第 2 处改为：<input type="password" name="pass">

8. 第 1 处应填：checked

第 2 处应填：selected

实验六答案：

1. 上下分割　　左右分割　　嵌套分割

2. <frame>

3. 框架

4. <frameset>　　<frame>

5. <frame>　name　src

6. rows　cols　border　bordercolor　frameborder

实验七答案：

1. 统一资源定位符

2. <a></a>

3. 内部链接　外部链接

4. 绝对路径　相对路径　根路径

5. 协议代码　　主机代码　具体的文件名

6. http

7. href

8. 代码：

```
<!doctype html public "-//w3c//dtd html 4.01 transitional//en" "http://www.w3c.org/tr/1999/rec-html401-
19991224/loose.dtd">
<html>
  <head>
    <meta http-equiv=content-type content="text/html"; charset="utf-8">
    <style type=text/css>
        #nav {
            font-size: 12px; list-style-type: none
            }
        #nav li {
            float: left; margin-right: 1px
            }
        .bi {
            position: relative
            }
        #nav li a {
            display: block; width: 65px; color: #000000; line-height:30px;
```

```
                    text-align:center; text-decoration: none
                }
            .bi span {
                    left: -999px; visibility: hidden; position: absolute;
                }
            .bi:hover span {
                    display: block; width: 65px; color: #000000;
                    line-height: 30px; text-align center; text-decoration:none;
                    left: 0px; visibility: visible; cursor: pointer; top: 0px;
                    background: #ffffff 30px 8px; color: #000000; line-height: 29px
                }
            #nav li a:hover {
                    background: #ffffff 30px 8px;color: #000000;line-height: 29px
                }
        </style>
    </head>
    <body>
        <ul id=nav>
            <li><a class=bi href="#">网页教学<span>home</span></a> </li>
            <li><a class=bi href="#">产品购买<span>products</span></a> </li>
            <li><a class=bi href="#">服务支持<span>services</span></a></li>
            <li><a class=bi href="#">技术交流<span>faq</span></a></li>
            <li><a class=bi href="#">方案案例<span>e-solution</span></a></li>
            <li><a class=bi href="#">关于京成<span>about</span></a> </li>
            <li><a class=bi href="#">联系我们<span>contactus</span></u> </li>
            <li><a class=bi href="#">加入我们<span>join</span></a></li>
            <li><a class=bi href="#">下载支持<span>download</span></a></li>
        </ul>
    </body>
</html>
```

实验九答案：

1. B
2. D
3. D
4. C
5. C
6. D
7. A
8. 第 1 处改为：p { font-family: "楷体"; font-size: 18px; text-indent: 2em; }
   第 2 处改为：<h2 style="color:green">染色体</h2>
9. 第 1 处应填：center
   第 2 处应填：h1

第 3 处应填：p

第 4 处应填：background

10．第 1 处应填：selectedIndex

第 2 处应填：idDiv

第 3 处应填：idSel

实验十答案：

1．C

2．A

3．D

4．第 1 处改为：.items {margin:10px; width:250px;}

第 2 处改为：padding: 10px;

第 3 处改为：text-align: center;

实验十一答案：

1．css

2．border-width　　border-color　　border-style

3．position　　absolute　　relative

4．<style></style>

5．继承性　层叠性

6．选择符　样式属性　属性值

7．<div>

8．<head><style>

9．line-height:normal|数字|长度|百分比

10．代码：

```html
<html>
  <head>
    <title>css 定位</title>
    <style type="text/css">
        {
        width:400px;
        font-size:30px;
        }
        #top{
                width:400px;
                line-height:30px;
                background-color:#6cf;
                padding-left:5px;
                }
        #box{
```

```
                width:400px;
                background-color:#ff6;
                padding-left:5px;
                position:static;
                }
        #box-1{
                width:350px;
                background-color:#c9f;
                margin-left:20px;
                padding-left:5px;
                }
        #box-2{
                width:350px;
                background-color:#c6f;
                margin-left:20px;
                padding-left:5px;
                }
        #box-3{
                width:350px;
                background-color:#c3f;
                margin-left:20px;
                padding-left:5px;
                }
        #footer{
                width:400px;
                line-height:30px;
                background-color:#6cf;
                margin-left:20px;
                padding-left:5px;
                }
    </style>
</head>
<body>
    <div id="top">id=&quot;top&quot;</div>
        <div id="box">id=&quot;box&quot;
            <div id="box-1">
                <p>id=&quot;box-1&quot;</p>
                <p> </p>
            </div>
            <div id="box-2">
                <p>id=&quot;box-2&quot;</p>
                <p> </p>
            </div>
            <div id="box-3">
                <p>id=&quot;box-3&quot;</p>
                <p> </p>
```

```
                </div>
            </div>
        <div id="footer">id=&quot;footer&quot;</div>
    </body>
</html>
```

11．代码：

```
<html>
    <head>
        <style>
        .box1
                {background-color:#33CCFF;
                height:300px;
                width:200px;
                background-repeat:no-repeat;
                background-position:center;
                position:absolute;
                left:10px;
                top:10px;
                z-index:-1;
                }
        .box2
                {background-color:#66CC33;
                height:300px;
                width:200px;
                background-repeat:no-repeat;
                background-position:center;
                position:absolute;
                left:50px;
                top:50px;
                }
        .box3
                {background-color:#996699;
                height:300px;
                width:200px;
                background-repeat:no-repeat;
                background-position:center;
                position:absolute;
                left:100px;
                top:100px;
                }
        </style>
    </head>
    <body>
        <div class="box1"><a href="#"><img src="1.jpg"></div>
        <div class="box2"><a href="#"><img src="2.jpg"></div>
        <div class="box3"><a href="#"><img src="3.jpg"></div>
```

```
    </body>
</html>
```

实验十二答案：

代码：

```
<html>
    <head>
        <title>翻转变换的效果</title>
        <style>
            body
                {background-color:yellow;margin:20px;}
            img
                {border:1px solide #ffggff;}
            .one
                {filter:fliph;}
            .two
                {filter:flipv;}
        </style>
    </head>
    <body>
        <img src="dog.png" >
        <img src="dog.png" class="one">
        <img src="dog.png" class="two">
    </body>
</html>
```

实验十三答案：

1．A
2．C
3．D
4．A
5．B
6．A
7．C

实验十四答案：

1．顺序结构、循环结构、选择结构
2．switch
3．数值、字符、布尔、空值
4．＞、　＜、　＝＝　！＝
5．算术运算符、逻辑运算符、比较运算符

6. && 、 ||、 ！

7. 代码：（IE 浏览器上运行）

```
<html>
  <body>
    <script language="javascript">
    var x,y;
    for(x=0;x<5;x++)
      {
      for(y=0;y<=(8-2*x);y++)
          document.write(" ");
      for(i=1;i<=(2*x+1);i++)
          document.write("*");
          document.write("<br>");
      }
      for(x=0;x<4;x++)
      {
      for(y=0;y<=(2+2*x);y++)
          document.write(" ");
      for(i=1;i<=(7-2*x);i++)
          document.write("*");
          document.write("<br>");
      }
    </script>
  </body>
</html>
```

实验十五答案：

1. B

2. A

3. C

4. A

5. C

实验十六答案：

1. 25

2. 10

3. 0 1 4 9 16

4. 第 1 处应填：text/javascript

   第 2 处应填：alert

   第 3 处应填：onload

5. 第 1 处应填：getElementById

   第 2 处应填：innerHTML

第 3 处应填：onclick

实验十七答案：

1. B
2. D
3. C
4. D
5. D
6. B
7. A
8. D

参考文献

[1] 胡崧. 最新 HTML&CSS 标准教程. 北京：中国青年出版社，2007.

[2] 唐四薪. 基于 Web 标准的网页设计与制作. 北京：清华大学出版社，2010.

[3] 曾顺. 精通 JavaScript+jQuery. 北京：人民邮电出版社，2013.

[4] 张艳等. 网页设计与制作. 北京：清华大学出版社，2013.

[5] 全国计算机等级考试命题研究组. 全国计算机等级考试南开题库. 天津：南开大学出版社，2014.

[6] http://www.w3school.com.cn/